网页效果图设计与制作实例

使用模板、表格技术制作静态网页的实例

U0370062

使用框架技术制作网页的实例

淮安市高校教学资源共建共享平台

首页 | 建设动态 | 共建教学资源 | 共享教学资源 | 教学资源供需 | 专家介绍 | 专家论坛 | 人才供需 | 企业需求 | 技术交流 | 前沿技术

实现最大范围内的课程与资源共建共享
促进淮安高等学校课程建设与教育质量整体提高

HTML+CSS 页面与 JavaScript 应用的实例展示

淮安市专用汽车制造有限公司
Huaian Special Purpose Vehicle Manufacturing Co., Ltd.

永旋牌

服务热线：8000-800-800

English(new)   English(old)

网站首页 | 公司概况 | 公司动态 | 产品介绍 | 办公系统 | 在线订购 | 招聘信息 | 联系我们

城市让生活更美好
永旋让城市更环保！

系列产品

» 疏通吸污车（联合）系列
» 罐式车系列
» 粉粒物料运输车系列
» 铵油炸药现场混装车系列
» 垃圾压缩车系列
» 自卸车系列
» 集装箱运输车系列
» 厢式车系列
» 低平板半挂车
» 栏板半挂车

联系我们

李经理
13000000000

销售电话
0517-88888888

服务电话
0517-88888888

传真
0517-88888888

QQ号码
88888888

电子邮箱
8888@sohu.com

新品推荐   PRODUCTS   更多

HYG5070GQX   HYG5162GXW   HYG5275GXW   HYG5160GQX
下水道疏通车   多功能联合吸污车   多功能联合吸污车   下水道疏通车
产品详细介绍   产品详细介绍   产品详细介绍   产品详细介绍

HYG5290GXW   HYG9400GXW   HYG5151GXW   HYG5252GXW
干式物料吸排车   半挂式吸污车   吸污车   吸污车
产品详细介绍   产品详细介绍   产品详细介绍   产品详细介绍

公司动态   NEWS   更多   公司简介

• 公司联合吸污车在山东某地成功中…（03月01日）
• 公司召开2011年度总结表彰大会（02月26日）
• 淮安市委常委、政法委书记史国君…（02月18日）
• 我公司吸污车系列产品在2011年第…（09月26日）
• 某型号吸污车成功中标（09月26日）

淮安市专用汽车制造有限公司，前身系业内久负盛名、
久享盛誉的一汽淮阴专用汽车制造厂，是经国家发改委批准
生产专用汽车的定点厂家，具有30余年生产历史。
公司位于伟人周恩来的故乡—江苏省淮安市，京杭大运
河、新长铁路贯穿全境，京沪、同三、宁连、盐徐高速交汇于
此，民用机场已经建设完成，已经投入使用，交通十分便利。

详细介绍

永旋牌

版权所有© 淮安市专用汽车制造有限公司   后台管理
公司地址：江苏省淮安市和平东路 10 号 苏ICP备08021116号 邮编：223001 邮箱：8888@sohu.com
李 经 理：13000000 销售电话：0517-88888888 80000000 传 真：0517-88888888 服务电话：0517-88888888
Semi Trailer | Tanker Semi Trailer | Vacuum Truck | Container Semi Trailer | Tipping Semi Trailer

使用 CMS 系统开发的动态网站实例展示

工业和信息化人才培养规划教材

Industry And Information Technology Training Planning Materials

Technical And Vocational Education

高职高专计算机系列

网页设计与制作实例教程

Web Design and Production

刘万辉 ◎ 主编

俞宁 ◎ 主审

人民邮电出版社

北京

图书在版编目（ＣＩＰ）数据

网页设计与制作实例教程 / 刘万辉主编. -- 北京：
人民邮电出版社，2013.2（2018.3重印）
工业和信息化人才培养规划教材. 高职高专计算机系
列
ISBN 978-7-115-29373-2

Ⅰ. ①网… Ⅱ. ①刘… Ⅲ. ①网页制作工具－高等职
业教育－教材 Ⅳ. ①TP393.092

中国版本图书馆CIP数据核字(2012)第296804号

内 容 提 要

本书以培养职业能力为核心，以工作实践为主线，以实例应用为导向，建立以企业工作流程为框架的现代职业教育课程结构，面向网页设计师岗位设置课程内容。

本书教学内容采用模块化的编写思路，主要有网页设计概述、网站规划与制作流程、网页效果图设计、Dreamweaver 创建基本网页、多媒体元素的制作与应用、框架与表格布局页面、HTML 语言应用、CSS 样式表的应用、模板与库的应用、JavaScript 脚本应用、HTML+CSS 页面布局、网站的测试与发布、综合教学实例、项目开发综合实训 14 个主教学模块，构成了系统的课程教学内容体系，所有教学内容符合岗位需求。同时本书以"书法家庄辉个人网站"项目贯穿始终讲解了静态网站的开发过程，同时又以"淮安市专用汽车制造有限公司网站"作为综合实例系统讲解了动态网站的开发过程。初级网页设计师通过本书的学习，辅助项目实训的系统锻炼必将胜任企业网页设计师的岗位。

本书结构合理，内容丰富，实用性强，可以作为计算机类专业、商务类专业、艺术类专业的教学用书，也可以作为培训教程，还可以作为相关专业从业人员的自学用书。

◆ 主　　编　刘万辉
　　主　　审　俞　宁
　　责任编辑　王　威
◆ 人民邮电出版社出版发行　　北京市丰台区成寿寺路 11 号
　　邮编　100164　　电子邮件　315@ptpress.com.cn
　　网址　http://www.ptpress.com.cn
　　固安县铭成印刷有限公司印刷
◆ 开本：787×1092　1/16　　　　彩插：1
　　印张：16.75　　　　　　　　2013 年 2 月第 1 版
　　字数：426 千字　　　　　　　2018 年 3 月河北第 9 次印刷
　　　　　　　ISBN 978-7-115-29373-2

定价：39.80 元（附光盘）

读者服务热线：(010)81055256　印装质量热线：(010)81055316
反盗版热线：(010)81055315
广告经营许可证：京东工商广登字 20170147 号

前　言

　　互联网可以缩小世界的距离，这是它的一大魅力，而让互联网具有这种神奇功能的元素就是网站。网站可以被看成信息交流的载体，而网页则是人与人交流的主要窗口。同时网站也是企业解决内部管理与外部宣传的重要方式，是信息交流的重要平台。明确网站的建设目标，掌握网站的规划和设计、网页设计与制作的具体技术是十分必要的。因此，无论是专业的网站设计人员，还是网站爱好者，都应该掌握一定的网站建设与制作技术。

　　本书是"江苏省省级精品课程"的配套教材与成果固化载体，它以培养职业能力为核心，以工作实践为主线，以实例应用为导向，建立以企业工作流程为框架的现代职业教育课程结构，面向网页设计师岗位设置课程内容。

　　本书作者不仅从事多年高职计算机类专业的教学工作，而且具有多年网站设计制作、多媒体设计制作、软件开发的经验。同时本书还得到了淮安市中天网络科技有限公司的大力支持，提供了大量的实例、素材、规范。最终，在企业的指导下，结合网页设计中的主要知识模块、重点、难点，编写了本书，其结构合理，适合计算机类专业、商务类专业、艺术类专业的教学，而且适合其他专业的学生自学。

　　本书教学内容采用模块化的编写思路，主要有网页设计概述、网站规划与制作流程、网页效果图设计、Dreamweaver 创建基本网页、多媒体元素的制作与应用、框架与表格布局页面、HTML语言应用、CSS 样式表的应用、模板与库的应用、JavaScript 脚本应用、HTML+CSS 页面布局、网站的测试与发布、综合教学实例、项目开发综合实训 14 个主教学模块，构成了系统的课程教学内容体系，所有教学内容符合岗位需求。同时本书以"书法家庄辉个人网站"项目贯穿始终讲解了静态网站的开发过程，同时又以"淮安市专用汽车制造有限公司网站"作为综合实例系统讲解了动态网站的开发过程。

　　本书由刘万辉任主编，俞宁任主审。编写分工为：章早立编写第 1 章、第 2 章、第 3 章，于玮编写第 13 章，刘万辉编写了第 4 章、第 5 章、第 6 章、第 7 章、第 8 章、第 9 章、第 10 章、第 11 章、第 12 章、第 14 章。

　　本书配套的光盘中包含教材配套多媒体课件、实例素材与源代码、多媒体视频教学系统，本书也得到国家软件技术专业资源库《网页设计与制作》课程建设的支持。课程资源库网址是：http://222.184.16.210/wy/；精品课程的网址是：http://222.184.16.189:8888/wywz/。

　　由于时间仓促，书中难免存在不妥之处，请读者提出宝贵意见。

编　者

2012 年 7 月

目　录

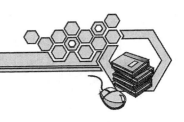

1.1　网页、网站的概念

1.1.1　网页、网站和主页

网页是 Internet "展示信息的一种形式"。网页是万维网上的页面，其文件后缀名通常为.html 或.htm。网页长度没有限制，一般网页上都会有文本与图像信息，复杂一些的网页上还会有声音、视频、动画等多媒体内容。进入网站后首先看到的是这个网站的主页，主页集成了指向二级页面及其他网站的链接。

网站是万维网上相关网页的集合。

虽然网页的类型看上去多种多样，但在制作网页时可以将其用两种类型来划分：按网页在网站中的位置进行分类，可以分为主页和内页，具体概念如下。

主页：用户进入网站时看到的第一个页面就是主页（homepage）。

内页：通过主页中的超级链接，打开的网页就是内页。

1.1.2　专业术语

在网页制作过程中常常会遇到一些专业术语，如 URL、域名、站点、发布、浏览器、超链接、导航条、客户机和服务器、脚本、表单等。只有掌握这些专业术语的含义，才能在制作网页时灵活运用它们。下面分别介绍这些专业术语。

1.　URL

URL 的英文全称是 Uniform Resource Locator，中文名称为 "统一资源确定符"，用来指明通信协议和地址，如 http://www.163.com 就是一个 URL。其中，http:// 表示通信协议为超文本传输协议，而 "www.163.com" 是站点名，用于指明网页在 Internet 上的位置。因此，URL 是提供在 Internet 上查找信息的标准方法。

2. 域名

域名是网站的名称，也是网站的网址。它与 IP 地址相对应，所以任何网站的域名都是唯一的，如 www.sohu.com 就是搜狐网站的域名。域名是由固定网络域名管理组织在全球进行统一管理的，用户要获得域名，可以到当地的网络管理机构（例如中国电信）进行申请，也可以到域名注册服务商（例如万网 http://www.net.cn），申请成功后便可将网页发布到 Internet 上。

3. 站点

站点实际上就是用于管理网页文档的文件夹，这个文件夹内存放着许多相互链接的网页文档以及网页有关的素材文件。站点可以小到一个网页，也可以大到一个门户网站。

4. 发布

顾名思义，发布就是指把制作好的网页上传到 Internet 网络服务器上的过程。

5. 浏览器

浏览器就是一种把在互联网上的文本文档和其他文件翻译成网页的软件，通过浏览器可以快捷地观看 Internet 上的内容。目前使用较广泛的浏览器主要有微软公司开发的 Internet Explorer 浏览器（后面简称 IE）、网景公司的 Netscape Naigator 浏览器、360 公司的 360 浏览器、腾讯公司的 QQ 浏览器等。

6. 超链接

超链接具有将不同网页链接起来的功能。超链接可以是同一站点内页面之间的链接，也可以是与其他网站页面之间的链接，超链接有文字链接、图片链接、热区链接等。在浏览网页时，单击超链接就能跳转到与之相关的网页页面或其他文件上。

7. 导航条

导航条或导航栏如同窗口中的菜单，它链接着各个页面，单击图 1-1 所示导航条上的按钮，即可进入相应的网页页面。

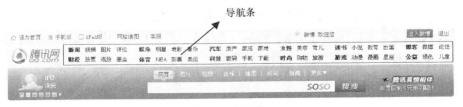

图 1-1　导航条

8.　客户机和服务器

当用户在浏览网页时，实际上是由个人计算机向存放网页的计算机发出一个请求，存放网页的计算机在接受到请求后响应请求，将需要的内容通过互联网发回到个人计算机上，一般把个人本地的计算机称为客户机，又称为客户端；把存放网页的计算机称为服务器，又称为服务器端。

当使用浏览器 Browser 请求获得某些信息时，Web 服务器将对该请求做出响应。它将请求的信息以 HTML 的形式发送至浏览器。浏览器对服务器发来的 HTML 信息进行格式化，然后显示这些信息，如图 1-2 所示。

图 1-2　客户浏览器/服务器工作的过程

9.　脚本

脚本是一种可以直接嵌入到 HTML 中的解释性的语言。在网页中可以插入的脚本有 JavaScript 与 VBScript 两种。JavaScript 与 VBScript 的最大特点是可以方便地操作网页上的元素，并通过 Web 浏览器实现访问者与服务器的交互。

10.　表单

表单是具有交互性的动态网页，通过网页上的表单域输入用户信息。当用户单击提交按钮后，表单数据就会上传到服务器上。例如通过网络购物，用户可能要输入预购产品数量、收货人姓名、送货地址等信息，如图 1-3 所示。

图 1-3　在线购物时所需填写的表单

1.1.3　静态网页和动态网页

按网页的表现形式，可将网页分为静态网页和动态网页。

静态网页：使用 HTML 语言编写的网页，其制作方法简单易学，但缺乏灵活性。

动态网页：使用 ASP、PHP 和 XML 等语言生成的具有动态交互效果的网页，其内容灵活、维护方便，但制作方法较为困难。

静态网页和动态网页不是以网页中是否含有动态元素来区分的，而是以客户端与服务器端的应用程序服务器是否发生交互来区分。不发生交互的网页是静态网页，发生交互的网页就是动态网页。

1.2　Web 标准

1.2.1　Web 标准的概念

Web 标准不是某一个标准，而是一系列标准的集合。网页主要由 3 部分组成：结构（Structure）、表现（Presentation）和行为（Behavior）。对应的标准也分 3 方面：结构化标准语言主要包括 XHTML 和 XML，表现标准语言主要包括 CSS，行为标准主要包括对象模型（如 W3C DOM）、ECMAScript 等。

1.2.2　建立 Web 标准的目的

建立 Web 标准的目的是解决网站中由于浏览器升级、网站代码冗余、臃肿等带来的问题。Web 标准是在 W3C（W3C.org 万维网联盟）的组织下建立的，主要有以下几个目的。

- ➢　简化了代码，从而降低成本。
- ➢　实现了结构和表现分离，所以确保了任何网站文档的长期有效性。
- ➢　可以简单地调用不同的样式文件，所以使得网站更易使用，适合更多的用户和网络设备。
- ➢　因为实现了向后兼容，即使当浏览器版本更新，或者出现新的网络交互设备的时候，所有应用也能够继续正确执行。

1.2.3　采用 Web 标准的优点

采用 Web 标准最大的好处是大大缩减了页面代码，提高浏览速度，缩减网络带宽成本。由于结构清晰，能使网页更容易被搜索引擎搜索到。具体的好处体现在以下几方面。

对网站拥有者的好处：
- ➢　代码更简洁，组件用的更少，所以维护也更加便捷；
- ➢　页面结构更清晰，使搜索引擎的搜索更加容易；
- ➢　对网络带宽要求降低，从而节约了成本；
- ➢　实现了结构和表现分离，使得修改页面外观更容易操作，同时不改变页面内容；
- ➢　页面结构清晰合理，也提高了网站的易用性。

对浏览者的好处：
- ➢　清晰的语义结构，使得内容能够被更多的用户浏览、访问；

➢ 页面冗余代码减少，下载文件速度更快，同时页面显示的速度也更快；
➢ 由于结构和表现分离，所以内容能够被更多的设备访问，比如：打印机、手机等；
➢ 独立的样式文件，可以使用户更加容易地选择自己喜欢的界面。

1.3 常用网页制作软件

1.3.1 网页图形图像处理工具

网页图形图像处理与常规图像处理一样，就是对图像的大小、色彩、格式等的修饰。网页设计师常常运用网页图形图像处理工具来设计网站的各个页面。目前，常用的工具有：Photoshop 系列软件与 Fireworks 系列软件。

1. Photoshop

Photoshop 是 Adobe 公司旗下最为出名的图像处理软件之一，是集图像扫描、编辑修改、图像制作、广告创意，图像输入与输出于一体的图形图像处理软件，深受广大平面设计人员，尤其是网页设计师的喜爱。

Photoshop 支持众多的图像格式,对图像的常见操作和变换做到了非常精细的程度，使得任何一款同类软件都无法与之媲美。它为网页图形图像的处理提供了相当简捷和自由的操作环境，同时它也拥有着异常丰富的功能与插件。Photoshop CS5 的操作界面如图 1-4 所示。

2. Fireworks

Fireworks 是一款专为网络图形设计的图形编辑软件，它大大简化了网络图形设计的工作难度，无论是专业设计家还是业余爱好者，使用 Fireworks 不仅可以轻松地制作出十分动感的 GIF 动画，还可以轻易地完成大图切割、动态按钮、动态翻转图等，因此，对于辅助网页编辑来说，Fireworks 将是一大功臣。借助于 Fireworks，可以在直观、可定制的环境中创建和优化用于网页的图像并进行精确控制。Fireworks 的操作界面如图 1-5 所示。

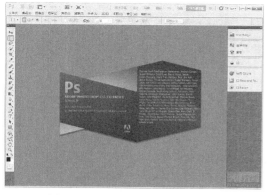

图 1-4　Photoshop CS5 的操作界面

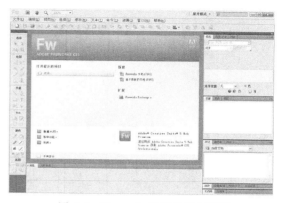

图 1-5　Fireworks 软件的操作界面

1.3.2　网站页面的编辑工具

网站页面的排版、文字字体的设置，导航结构都离不开网站页面编辑工具的帮助，一款好的网页编辑工具可以在网站的制作上起到事半功倍的作用。目前，常用的编辑工具有 Dreamweaver 系列软件和 FrontPage 系列软件。

1.　Dreamweaver

Dreamweaver 是当前最主流的网页编辑工具。它是所见即所得的网页编辑器，支持最新的 XHTML 和 CSS 标准。Dreamweaver 采用了多种先进技术，能够快速高效地创建极具表现力和动感效果的网页，使网页创作过程变得非常简单。利用 Dreamweaver 的可视化编辑功能，用户可以

快速地创建页面而无需编写任何代码，完全可以不必硬着头皮去学习编程了。如图 1-6 所示为使用 Dreamweaver 正在编辑页面的情况。

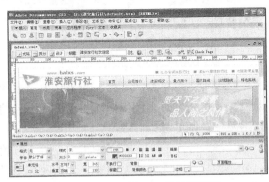

Dreamweaver 有着专业的 HTML 编辑器，用于对 Web 站点、Web 页和 Web 应用程序进行设计、编码和开发。另外，借助 Dreamweaver 还可以使用服务器语言（例如 ASP、ASP.NET、ColdFusion 标记语言、JSP 和 PHP）生成支持动态数据库的 Web 应用程序。

图 1-6　Dreamweaver 的编辑页面

2.　FrontPage

FrontPage 的网页编辑功能非常强大，它可以非常简单而且直观地实现 HTML 几乎所有的功能，例如，新建和修改一个网页，新建一个 Web 站点，在网页中插入图片、多媒体、设置动态效果、设置过渡效果，直接调用 ODBC 数据库等。

FrontPage 还具有强大的网页管理功能，是 Web 站点发布管理的强有力的工具，可以方便地进行文件夹管理、报表管理、导航管理、超链接管理、任务管理等多项管理功能。而且，FrontPage 可以实现"所见即所得"的强大功能，方便用户在制作网页过程中，随时观察制作效果。

图 1-7 所示为 FrontPage 的软件界面。

图 1-7　FrontPage 的软件界面

1.3.3　网页动画的制作工具

一个好的网页不仅要有静态元素，还有有动态元素，这样才能够做到动静结合、相得益彰。网上就有各种各样精美的动态元素，其中就不乏动画的身影。

动画是网页中使用最广泛的动态元素，几乎目前所有的网站都会或多或少的包含动画。常用的工具软件有以下两种。

1.　Flash 动画制作软件

根据网络调查，世界上 97%的计算机都安装了 Flash Player，利用包括 Flash 创作工具、渲染引擎及超过 200 万设计者和开发者群体使用的 Flash 平台生态系统，可以制作出各式各样的 Flash 动画，Flash 动画主要由简洁的矢量图形组成，通过这些图形的变化和运动，从而产生了动画效果，其优点在于效果绚丽、体积较小、便于互联网传播。

制作 Flash 动画使用的常用软件有如下几款。

（1）Flash。Flash 是一种非常系统而且功能强大的创作工具，目前最新的版本为 Adobe Flash CS5 Professional。设计人员和开发人员可使用它来创建演示文稿、应用程序和其他允许用户交互的内容。Flash 可以包含简单的动画、视频内容、复杂演示文稿和应用程序以及介于它们之间的任何内容。如图 1-8 所示为 Flash CS5 的操作界面。

（2）Swish。Swish 是一款傻瓜式的 Flash 动画制作工具，完全支持 Flash 中的语法。使用 Swish 做 Flash 动画不需要学习专业知识，就可以快速地完成一个简单 Flash 动画。Swish 有超过 150 种可选择的预设效果。只要点几下鼠标，就可以创造出超过 150 种诸如爆炸、漩涡、3D 旋转以及波浪等预设的动画效果。而且 Swish 会输出跟 Flash 相同的 SWF 格式，便于动画的传播。其操作界面如图 1-9 所示。

图 1-8　Flash CS5 的操作界面

图 1-9　Swish 的操作界面

2.　GIF 动画制作软件

GIF 格式是当前互联网上常见的图像格式之一。GIF 格式的最大特点就在于其可以在一个 GIF 文件中存多幅彩色图像，并且如果将存于一个文件中的多幅图像数据逐幅读出并显示到屏幕上，就可构成一种最简单的动画，即 GIF 动画。

制作 GIF 动画使用的常用软件有如下 2 种。

（1）Photoshop 系列软件。在网页中制作动画的方法很多，其中使用 Photoshop CS 系列软件或 ImageReady 软件制作动画就是一种简单有效的方法。可以使用 Photoshop CS 系列把单张的图像制作成 GIF 格式的动画。由于 GIF 格式的图像采用压缩的文件存储方式，因而很多 Web 浏览器都是采用 GIF 图像格式显示画面。如图 1-10 所示为使用 Photoshop 制作 GIF 动画。

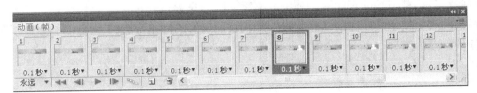

图 1-10　使用 Photoshop 制作 GIF 动画

（2）Ulead GIF Animator。Ulead GIF Animator 是 Ulead（友立）公司发布的是一个简单、快速、灵活、功能强大的 GIF 动画编辑软件，使网页设计者可以快速地轻松创建和编辑网页动画文件。同时，Ulead GIF Animator 也是一款不错的网页设计辅助工具，还可以作为 Photoshop 的插件使用。它具有丰富而强大的内置动画选项，让设计者能够更方便地制作出符合要求的 GIF 动画。

Ulead GIF Animator 5.0 作为 Ulead GIF Animator 家族的最新成员，使用它制作出的 GIF 动画再也不是传统观念上的 256 色了，而是允许设计者在真彩色环境下，制作出色彩斑斓的动画。如图 1-11 所示为 Ulead GIF Animator 软件编辑页面。

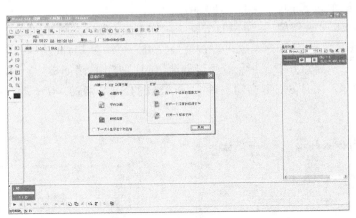

图 1-11　Ulead GIF Animator 软件页面

1.3.4　网页 CMS 系统应用软件

CMS 是 Content Management System 的缩写，意为"内容管理系统"。 CMS 具有许多基于模板的优秀设计，可以加快网站开发的速度和减少开发的成本。CMS 的功能并不只限于文本处理，它也可以处理图片、Flash 动画、声像流、图像甚至电子邮件档案。CMS 其实是一个很广泛的称呼，从一般的博客程序，新闻发布程序，到综合性的网站管理程序都可以被称为内容管理系统。

根据不同的需求，CMS 有几种不同的分类方法。比如，根据应用层面的不同，可以划分为：重视后台管理的 CMS，重视风格设计的 CMS 和重视前台发布的 CMS 等。就目前已经存在的各种 CMS 来说，最终界面上都是大同小异，但是在编程风格与管理方式上来讲却是千差万别。就 CMS 本身被设计出来的出发点来说，应该是方便一些对于各种网络编程语言并不是很熟悉的用户用一种比较简单的方式来管理自己的网站。这虽然是本身的出发点，但由于各个 CMS 系统的原创者们自己本身的背景与对"简单"这两个字的理解程度的不同，造成了现在没有统一的标准群雄纷争的局面。

　　下面是两款操作简单且功能强大的 CMS 系统应用软件。图 1-12 所示为讯时 CMS 系统的操作界面，图 1-13 所示为 PHPCMS 系统的操作界面。

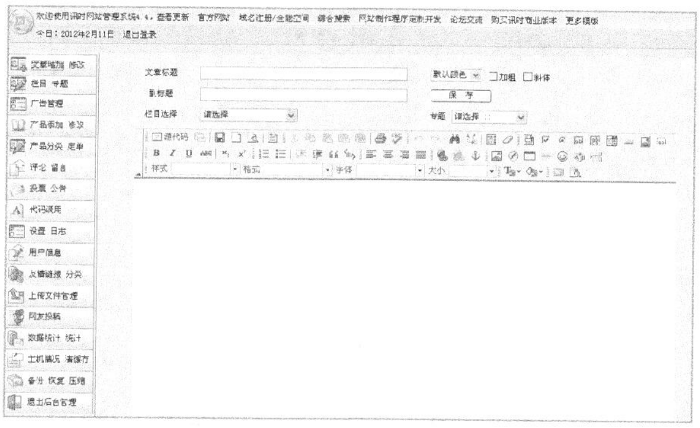

图 1-12　讯时 CMS 系统的操作界面

图 1-13　PHPCMS 系统的操作界面

1.3.5　网页上传工具

　　将完成的网站上传，通常采用 FTP 系列软件来协助完成网站的上传与发布。FTP（File Transfer Protocol）是文件传输协议，是 Internet 资源最常用的工具之一，用户可以通过有名或匿名的连接方式，对远程服务器进行访问，查看和索取所需要的文件，也可以将本地主机的文件传输到远程服务器上。

　　目前，一些常用的网页编辑软件都自带有 FTP 上传工具。如 Netscape Composer、FrontPage、Dreamweaver 等，使用起来很方便。但这些软件都没有专门的 FTP 软件功能强大。FTP 软件有很多种，常用的有 CuteFTP、FlashFXP 等。

1.　CuteFTP

CuteFTP 是最早支持断点续传的 FTP 客户软件之一，是一个集 FTP 上传下载、FTP 搜索和网页编辑功能于一体的软件包，其功能强大，使用方便，支持拖放。最新的 CuteFTP 版本，为了更好地适合专业用户的使用，推出不少新的特色功能，例如，目录比较上传、宏处理、远端文件直接比较操作及 IE 风格的工具栏等，如图 1-14 所示。

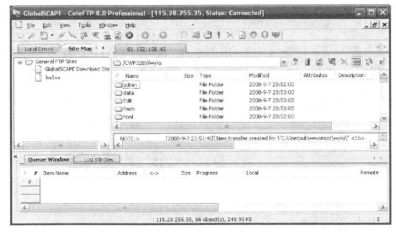

图 1-14　CuteFTP 的界面

　　CuteFTP 的最新版本是 CuteFTP 8.0 Pro，提供了目录同步，自动排程，同时多站点链接、多协议支持（FTP、SFTP、HTTP、HTTPS），智能覆盖，整合的 HTML 编辑器等功能，以及更加快速的文件传输系统。

　　2．FlashFXP

　　FlashFXP 是一个功能强大的上传下载工具，融合了其他优秀 FTP 软件的优点。例如，像 CuteFTP 一样可以比较文件夹，支持彩色文字显示；支持子文件夹的文件传送、删除；支持上传、下载及第三方文件续传；可以跳过指定的文件类型，只传送需要的文件；可以自定义不同文件类型的显示颜色；可以缓存远端文件夹列表，支持 FTP 代理；具有避免空闲功能，防止被站点踢出；可以显示具有"隐藏"属性的文件和文件夹；支持每个站点使用被动模式等。FlashFXP 的界面如图 1-15 所示。

图 1-15　FlashFXP 的界面

1.4　实例 1：优秀网站的赏析与搜集

1.4.1　优秀网页实例欣赏

1．门户类网站

门户类网站主要是为上网用户提供信息搜索、网站注册、索引、网上导航、网上社区、个人邮箱等服务并进行分类及整合服务的站点。网站信息服务往往涵盖多个领域，依托拥有海量用户群体的优势来赢利。

目前不少门户网站正在朝着专业门户网站的方向调整，只针对某一类特定用户群提供相应的专业信息，即逐渐演变为垂直门户。垂直的意思就是将某一类的信息做深，这也是众多门户网站所追求的，在强调"垂直"的同时加强"门户"的概念。它不是简单地追求内容的垂直深度，而是同时追求在某一专业领域内如 IT、娱乐、体育等信息的全面和精确，形成在某一领域内有一定深度的专业门户。

门户网站的特征是信息量巨大、频道众多、功能全面、访问量也非常大。页面设计以实用功能为主，注重视觉元素的均衡排布，以简洁、清晰为目的。以保证访问速度并能让浏览者方便查找。

YAHOO 是互联网上最知名的网站，如图 1-16 所示，一直高居访问流量之首，是互联网上最大的门户网站，也是一个垂直网站总汇。YAHOO 致力于做成互联网上最大的媒体，涉及的领域包括网络门户、电子商务、网络通信等，提供的服务还包括拍卖、购物、开设网上商店、聊天等。YAHOO 是一家全球性的互联网通信、商贸及媒体公司，是全球第一家提供互联网导航服务、主要以广告为支撑的网站，广告收入占公司收入的 60%。

图 1-16　YAHOO 网站

YAHOO 的网站以浅蓝、紫色系为主要色调，右上新业务栏会不时变化相应的主题，根据相应的主题来定制不同的颜色，使用户总有即时、新鲜的感觉。

（1）框架结构——首页。上左中右下结构是框架，确切地说是左中右结构。整个网站的主要内容集中在中和右的信息内容上。

（2）色彩。与某些门户网站相比较，YAHOO 网站的用色比较清爽、干净。

整体看来，YAHOO 使用了蓝色、紫色两套邻近色，辅助以灰色，使色彩过渡和谐。点睛色无疑为顶部左侧醒目突出网站的标志"YAHOO!"，这也是网站中纯度最高的颜色。

YAHOO 网站不仅对色相的微妙区别把握得很好，而且对色彩的纯度主次的把握也值得称赞。

（3）文字颜色。使用了低纯度的普蓝和黑色，其中普蓝色的文字是网站的超级链接形式，鼠标放上去后会有微妙的明度变化以及下画线的出现。

说明性文字用的是黑色。

信息内容框里的标题，主次关系排视觉第一位，内容框里的主要内容缩小字号，都做了粗细的变化。

从文字上看，又一次体会到了门户网站对细节的推敲的严谨性。

（4）图形。第一屏上最大的图片为右方的 REMAKE AMERICA，它能够直接体现出 YAHOO 开展的新业务。其次为屏幕中央的新闻照片，其他则为左侧的导航图片（个性服务）。

在整个网站里，破除单调呆板印象，使整个版面生动的点睛之笔是左侧的 21 个图标，也是网站为用户订制的特色服务。

通过主页可以看到 YAHOO 网站对广告细节的把握，即便是广告色彩上也要服从于整个网站的整体形象。图片都利用图像处理软件调整了纯度与色阶，以便融合并协调整个网站。

2. 数码产品类网站

数码产品网站主要用来说明和展示数码产品的功能和样式，对于功能齐全和有一定技术含量的网站，还可以通过网站进行电子交易和产品订购等操作。不同的企业建设数码产品的要求有所不同，设计风格也不同，此类网站主要还是以符合产品的特点为主。网页设计者在设计的时候，只要抓住数码产品的样式风格、性能特征等方面的特点，设计与其风格匹配的网站即可。设计风格通常比较时尚、大方、具有时代感，色彩多选择蓝色、红色、灰色等体现时尚感的颜色。

数码产品本身属于一种技术含量很高的产品，在外观上也是工业设计中非常优秀的代表。所以，这类网站在设计时首先必须要考虑的是网站的科技感，要与产品一致，体现出高端性；然后再根据产品的风格、类型选择方案与布局类型。

如图 1-17 所示的"科讯"通信网站，该网站是一个手机代理商的网络展台，主要代理、销售手机通信类相关产品。下面介绍该网站的色彩选择与布局类型。

（1）色彩分析。使用蓝色来体现具有科技感的网站早已司空见惯，该实例大胆地采用了红、橙色来作为主色调，同时选用银灰色来作为辅助色。页面整体布局体现了产品的时代科技感，同时也体现了产品的活力潮流感。

选用红、橙色是依据网站 Logo、手机屏幕的色彩方案而设定的，是一种能同时体现企业形象与产品风格的设计方案。热情、充满活力的红色和橙色很好地体现了音乐手机的时尚魅力，让用户第一眼就被网站亮丽的色彩吸引，这在当今网络上数以亿计的网页中显得尤为重要。

银灰色的选用主要是起到了辅助衬托的作用，它不仅不抢主色调的风采，反而增加了页面的

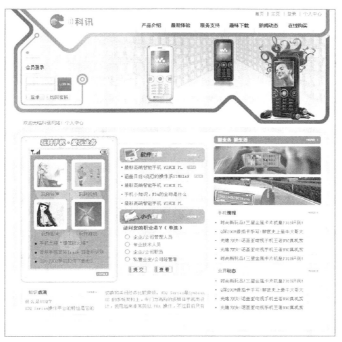

图 1-17　"科讯"通信网站

对比度。因为既然选用了红、橙色来作为主色调，那么就尽量少用或不用其他诸如蓝、绿等比较抢眼的颜色，否则将会出现主次不分明、画面凌乱的副作用。

（2）布局分析。该网页的整体页面属于上下型结构，导航和 Banner 区域为一块，内容区域为另外一块。导航和 Banner 区域的边框和内容区域的边框风格一致，这样既有整体性也有对比性。

放在 Banner 区域左边的会员登录框被包围在"电子线路板"的圆角线条框内，体现科技感的同时也符合了用户从"从左至右"的习惯。

内容区域使用的是左右结构。左边使用了一张较大的手机屏幕图，然后将主要内容放置其中显得特别突出；右边使用了两幅广告图来推荐主要的业务；下面是文字类新闻标题。图文并茂显得画面更丰富多彩。

1.4.2　实例拓展：网页界面的收集与整理

如果要学好《网页设计与制作》这门课并成为一名优秀的网页设计师，那么就需要平时不断丰富对网页素材的积累，在仔细观察的基础上多分析美的来源，并灵活地将这些优秀的元素运用到自己的作品中来，具体方法如下。

1．资源搜索

在日常上网过程中，多搜集一些好的网站为以后网页设计做一些铺垫或准备。同时平时要多在搜索引擎中搜索一些好的关键词例如："优秀网站界面"，"超级设计联盟"、"网站界面设计"等，然后就能更进一步地搜索搜到一些优秀的网页素材，并会得到一些优秀网页素材的网站地址。

例如网页设计师联盟（http:// www.68design.net）就是一个很不错的学习平台。

2. 归类整理

搜索完成后，要注意对好的界面与素材以及网址进行归类与整理，归类的方法是根据搜集的素材类型创建不同的文件夹，将素材分类进行存放。遇到搜集的好界面采用"抓图法"（点击键盘上的<Pr Scrn>键，进行截屏），然后归类整理，如图 1-18 所示。

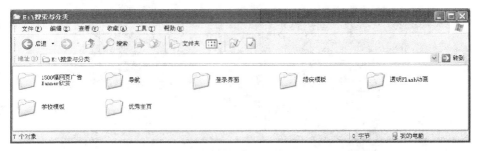

图 1-18　网页界面的分类与积累

1.5　习题

1. 简答题

（1）浅谈对网站、网页、HTML、浏览器的理解。

（2）举例说明网页是由哪些基本元素组成的？

（3）说明静态网页和动态网页的具体区别？

2. 实践题

（1）搜索世界 500 强企业网站，例如微软中国网站，针对色彩与布局对其进行简单的分析。

（2）登录网页设计师联盟，下载 10 幅教育类站点图片。

（3）登录网页设计师联盟，搜索 10 个网页设计师岗位，明确岗位需求。

第2章

网站规划与制作流程

2.1 网站规划的内容及原则

网站策划有其独特的步骤。科学地运用网站策划，可以使网站形象更为完美，布局更为合理，维护和更新更加方便，内容更加容易被浏览者接受。

2.1.1 网站策划的一般内容

1. 背景分析与网站定位

（1）背景分析。在进行网站策划之前，首先要对策划环境进行调查分析，主要是开展社会环境调查，网民调查、竞争对手调查及自身资源等方面的调查分析。只有对这些方面进行充分的调查研究，网站才能有针对性地制定出科学可靠的方案。

比如美国最大的 B2C 网上购物网站"亚马逊"在开业之前，通过市场调查，创建人贝索斯非常严谨地列出了将在网上销售的 20 种商品，挑选出其中销售潜力最大的 5 种，并进一步研究出它们的潜力排序：图书、CD、录像带、电脑硬件、电脑软件，这个排列对最终贝索斯的决策起了非常重要的作用，今天看来，这前 5 名商品也一直是"亚马逊"的主力。

（2）网站定位。网站定位是调查研究基础上进行策划的第一步。在调查分析的基础上确定自己网站的服务对象和内容是网站建设和发展的前提。网站的内容不可能面面俱到，这既超出了网站的能力，又会使网站失去个性。事实上对于网站来说，任何想吸引全部网民的做法都是错误的，在信息爆炸而个体差异极大的社会，网站能做的只是吸引特定的人群。网站的成功与否与市场调查及网站定位是密不可分的。

2. 确定网站目标

网站的目标将为网站的发展确立分阶段的建设目标和总体发展目标，从宏观上为网站的建设提供总体框架。

3. 内容与形象策划

如果说网站的风格和定位是网站的灵魂，那么内容和形象策划就是网站的骨骼和血肉。它包括了对网站内容风格、形式设计等方面的考虑，是吸引浏览者最主要的因素。这是一个较为复杂的过程，需要设计师、编辑人员、策划人员的通力合作，达到内容和形式的高度统一。

多变的形式设计具有丰富的表现力，将一个无生命的网页变成充满活力的生命体。根据内容的不同进行相应的形式设计，能够形成不同趣味和效果，有利于创造出风格新颖独特的页面。内容和形式的高度统一是网站成功的前提。

在内容和形式上，需要考虑的因素很多，比如网站的风格设计、版式设计、布局设计、网站频道设置、栏目内容安排、网页内容设计等。设计者应该把这些内容置于一个高度统一的原则之中，使网站具有独特、统一、丰富的形象。

4. 推广策略

一个网站（尤其是商业网站）即使有了好的模式、准确的定位、详尽丰富的内容、美观大方的形象设计以及贴心的服务，但如果没有有效的市场推广，那么网站的运作将是不可能成功的。

从宏观角度上来讲，进行市场推广就是打造品牌。打造网络品牌的手法和建立传统品牌的手法大同小异。借助传统媒体来宣传网站是一个有效的方法，国内很多著名的网站都在电视和印刷等传统媒体上做过广告，并取得了好的效果。

从技术角度上来讲，可以借助其他著名网站的知名度增加浏览机会，从而扩大浏览群体。比如搜索引擎注册和推广以及友情链接等。

2.1.2 网站形象策划原则

1. 内容与形式的统一

一个好的网站所追求的是内容和形式的完美统一。好的信息内容应当具有编辑合理性与形式的统一性。

形式是为内容服务的，但内容也要利用美观的形式才能够引起浏览者的关注。它们的关系就像产品和包装的关系，包装对产品的销售起到了举足轻重的作用，形式对内容也是如此。内容与形式的统一包含了形式内容对位、形式的美观等。

不同类型的网站，其表现风格是不同的，这表现在色彩、构图、版式等方面。一个新闻网站需要简洁的色彩和大气的构图，而娱乐网站则可能色彩丰富、版式活泼多变。对于网站而言，无论哪一种风格都需要美观、科学的色彩搭配和构图。

2. 网站的类型与风格的定位

网站风格对网站的设计是具有决定性作用的。它包含了设计风格和内容风格，这里主要介绍设计风格。设计风格决定了网站的特色，不同类型的网站需要不同的风格，如果张冠李戴，那么网站效果将受到很大的影响。

主页风格的形成主要依赖于版式设计，依赖于页面的色调处理，还有图片与文字的组合形式等。这些问题看似简单，但往往需要主页的设计者和制作者具有一定的美术资质和修养。

综合门户类网站是网民上网时所选择浏览的第一个网站，往往包含大型搜索引擎，还包括丰富的新闻、专栏、社区等内容版面，信息含量最大；电子商务网站的主要形式是网络购物、网上交易等（常见的商务网站有 B to B，C to C 和 B to C 等方式），突出商品和检索特征；企业网站主要体现出企业文化、企业特色；生活娱乐网提供娱乐信息、生活指南、文学欣赏等内容，在页面设计上是最活泼的网站类型；政府网站则是政府面对公众的窗口，设计要求严肃、大气，以突出政府的形象；个人网站一般体现个人的观点和趣味，不太考虑其他人的爱好，没有什么规则限制，能够发挥个人的创造力。

3．统一网站设计风格

由于网站建立的目的不同，与此相对应所提供的服务和面向的群体也不同。设计者建立站点时要根据设计原则，针对浏览者确定适当的风格。

可以针对浏览者的不同年龄、不同职业等表现出不同的设计风格：面对青少年，页面要设计得活泼、明快；对于女性则要体现细腻温暖的感觉，一般以暖色为主；对于艺术工作者，应当注意页面的设计感，要浪漫而又有特色；面对科学工作者则追求严谨、理性、科学的感觉。

一个简单的保持网站内部设计风格统一的方法是：保持某一部分固定不变，如 Logo、导航栏等，另外，也可以设计相同风格的图标、图片等，一般来说，上下结构的网站往往保持导航栏和顶部 Logo 等内容固定不变。但是也不能陷入一个样式固定不变的模式，要在统一的前提下尽量寻找变化，寻找设计风格的衔接和设计元素的多变。

淮安市专用汽车制造有限公司网站（见图 2-1）的设计，采用了绿色调为主，主页与子页保持风格统一，体现网站的统一性。

图 2-1　企业网站统一的网站设计风格

4．CIS 的介入

随着互联网被广泛地认同，原来的 CIS 依赖的传统媒体受到冲击，人们开始从网上获得视觉新感受，于是电子商务形象成为企业追求的新概念。用一种更为实际的利益点去看待 CIS，它带给人的感觉是规范的管理和值得信赖的经营作风。

这里提到的 CIS 及 VIS 指两方面的运用：首先是网站自身的品牌建设；另一方面则是企业网站设计中对企业 CIS（VIS）的继承。

（1）CIS 的概念。对网站设计而言，接触更多的是其中的 VI 系统。CIS 是英文 Corporate Identity System（企业识别系统）的缩写。总的来说，CIS 设计是企业、公司或团体在形象方面的一个整体设计。它包括企业理念识别 MI、企业行为识别 BI、企业视觉识别 VI 3 个部分。VI 是 CIS 中的视觉传达系统，对企业形象在各种环境下的应用进行了合理的规定。对网站来说，标志、色彩、风格、理念的统一延续性是 VI 应用的重点。

将 VI 设计导入网站设计中，可以看做是 VI 设计的延伸。具体来说就是网站页面的构成元素以 VI 为核心，并加以延伸和拓展。此外，也有针对网站本身设计的 VI 系统。随着网络的发展，网站成为企业、集团宣传自身形象、传递企业信息的一个重要的窗口。对专业的网站团体来说，网站形象的意义则更为深远。VI 系统在提高网站质量、树立专业形象等方面扮演着举足轻重的角色。

（2）标准化 Logo。Logo 是网站的标记，网站形象的代表，所以 Logo 的设计和运用就很重要。一般把 Logo 放在最醒目的位置——左上角，这里也叫做"网眼"。回忆一下所看到过的网站，几乎所有网站在"网眼"的位置都放置了网站的 Logo。为了统一网站的形象，最常用的做法就是统一各级页面的 Logo，标准化的 Logo 是统一网站形象的第一步，Logo 的色彩和形式一旦确定，就不能随意变换。

（3）标准化色彩。VI 系统中，对色彩的标准化非常严格，比如可口可乐的包装、印刷品甚至是车身都只能使用规定的红白两色。网站环境中的网页色彩虽然没有这么严格的要求，但统一网站色彩使用规范、统一色调对网站的整体性设计也有重要意义。一般的网站对色彩的使用有两种情况：一种是规定了一个范围的色系，整个网站都套用，这样既简单效果也好；另一种做法是网站同级页面的形式相同，不同的栏目频道采用不同的色系，这样做的优点是变化丰富。无论使用哪种方法，都要根据网站的具体情况树立规范，并且在此前提下灵活运用，达到统一之下又具有丰富变化的效果。

2.2 实例 1：专业建设网站制作流程

2.2.1 前期策划与内容组织

在制作网站之前，首先给网站准确的定位，明确建站目的。网站主题和类型确定后，要规划好网站栏目并进而确定网站的目录结构、网页版面布局。

网站栏目实质上就是一个网站内容的大纲索引。网站栏目的设置原则有二：一是网站内容重点突出，二是访问者浏览方便。在设置栏目时，要仔细考虑网站内容的轻重缓急，合理安排，突出重点。

网站目录结构的合理与否，对于站点的管理维护、发布后网站内容的扩充和删除有着重要影响，网站目录结构如果不合理，会给后续工作带来很大不便。

设计版面的最好方法是先用笔在纸上构思把草图勾勒出来，可以多画几张，选定一个最满意的作为继续创作的样本。接着进行版面布局细化和调整，把主要的内容放到网页中。布局反复细化和调整，选择一个比较完美的布局方案，作为最后的页面版式。

现在，以开发"应用电子技术专业"网站建设为例，给大家演示网站的开发流程。

1. 网站栏目模块设计

经过分析，"应用电子技术专业"网站需要建设以下栏目：专业介绍、专业设置、人才培养模式、课程体系改革、校企合作、师资队伍、实践条件、教学管理、课程建设、人才培养质量、建设成果等。

2. 草图设计

对于一般的网站来说，一个项目首先要把所有的东西组织起来，然后画一个站点的草图，向客户勾画出所有需要展示的内容，最后将它详细的描述交给美工人员，让美工根据草图设计效果图，本站的草图如图 2-2 所示。

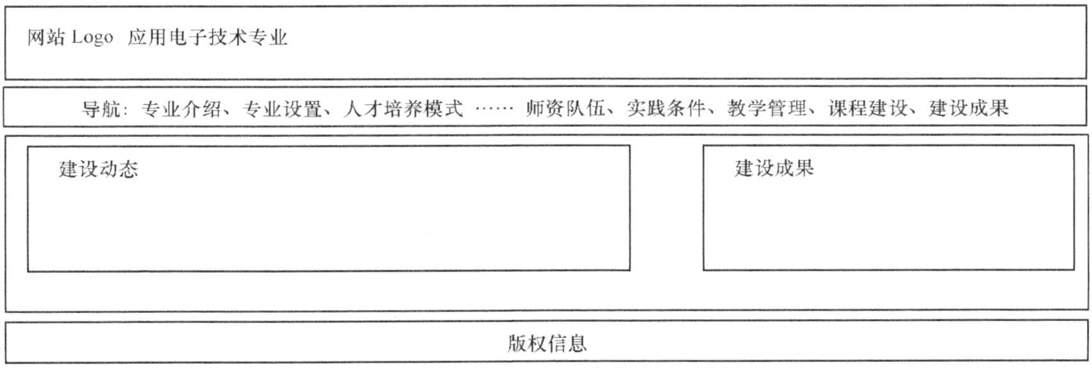

图 2-2　应用电子技术专业网站草图

3. 规划站点结构

站点结构将决定如何去引导浏览者在站点中漫游。结构要清晰、易于导航。

站点结构要注意文件夹的命名规则。导航图和命名规则都是建立项目的主干。以后所有的工作都要由此展开。网站的目录是指建立网站时创建的目录。目录的结构是一个容易忽略的问题，大多数设计者都是未经规划、随意创建子目录。目录结构的好坏对浏览者来说并没有太大的感觉，但是对于站点本身的上传维护、未来内容的扩充和移植有着重要的影响。下面是建立目录结构的一些建议。

（1）不要将所有文件都存放在根目录下。有人为了方便，将所有文件都放在根目录下。这样造成的不利影响在于以下几点。

第一，文件管理混乱。常常搞不清哪些文件需要编辑和更新，哪些无用的文件可以删除，哪些是相关联的文件，最终影响工作效率。

第二，上传速度慢。服务器一般都会为根目录建立一个文件索引。当所有文件都放在根目录下，那么即使只上传更新一个文件，服务器也需要将所有文件再检索一遍，建立新的索引文件。很明显，文件量越大，等待的时间也将越长。

（2）按栏目内容建立子目录。子目录的建立，首先按主菜单栏目建立。例如：本站点可以根据模块类别分别建立相应的目录，如 Flash、CSS、JavaScript 等。

（3）在每个主目录下都建立独立的 Images 目录。默认的一个站点根目录下都有一个 Images 目录。经过实践发现，为每一个主栏目建立一个独立的 Images 目录是最方便管理的。而根目录下的 Images 目录只是用来放首页和一些次要栏目的图片。

（4）目录的层次不要太深。目录的层次建议不要超过 3 层。原因很简单，维护管理方便。

图 2-3 所示为本站的站点结构图。

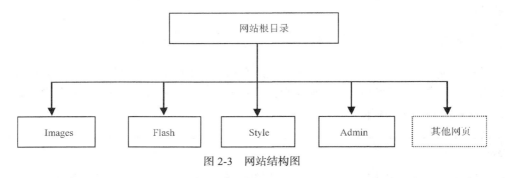

图 2-3 网站结构图

2.2.2 收集和整理资料

在确定制作哪方面的网页后，需要收集和整理与网页内容相关的文字、图形、动画等素材。如果想要制作影视网站，就需要收集大量中外电影的信息以及演员的文字与图片资料；要制作企业或公司的网站就需要收集企业或公司的介绍、产品信息和企业文化等信息。

2.2.3 网站效果图的设计制作

网页效果图的设计与传统的平面设计是相同的，但也带有一些特殊的性质。通常网页的图像设计会使用到图像设计软件和一些其他的软件，Fireworks 正是一种主要应用于网页图形设计的软件。应用较为广泛的还有 Adode 公司出品的 Photoshop。Photoshop 利用自身在图像处理上的优势，实现多方面网络应用。利用图像软件可视化操作程度比较高的优势，进行网页视觉设计、排版布局，并创建为页面的 HTML 文件。Photoshop 能够完成网站中各类型的的 Web 图像设计和制作，还包括为适于网络发布进行的各项图像优化工作。在 Photoshop 中软件的操作更加简单，效果变化更丰富，同时提供提高工作效率的解决办法。事实上， Photoshop 的网页图形设计制作功能，已经是行业最为优秀的图像处理软件。因此，在网页图形设计和制作方面有着重要的应用。图 2-4 所示为使用 Photoshop 软件设计完成的网页整体形象。

在完成网页的效果图制作后，最后一步是将图片进行切片导出为网页，也就是将完成上述工作的图像文件输出为 HTML 网页。

图 2-4 Photoshop 编辑网站效果图

2.2.4 网站页面的设计制作

对于静态网页,设计阶段包括两方面:一方面要决定网站的内容、导航结构和其他网站要素;另一方面要根据内容设计网页的外观,包括排版、文字字体设置、导航条设计等。Dreamweaver 提供了非常方便的排版工具,即结构视图。设计人员从此可以摆脱表格数据设定的纠缠,制作页面就和画画一样简单。可以根据内容要求设计不同的页面:简单的文本图像网页、表单网页、框架网页。

有了页面的版式结构后,就可以添加网页的内容和添加互动效果。添加内容包括添加文本和图像,这方面 Dreamweaver 有强大的资源管理器工具,网站中所有的图像、Flash 动画、视频、外部链接等,都可以在这里面找到,并且通过简单的拖曳实现插入。互动性是有赖于 JavaScript 等编程语言来实现的,但 Dreamweaver 通过行为和时间轴两大功能实现了互动功能的可视化创建,运用起来可以说是得心应手,网站设计人员完全可以不必硬着头皮去学习编程了。图 2-5 所示为使用 Dreamweaver 正在编辑页面的情况。

完成以上操作之后,网站建设任务可以告一段落,可以发布到和 Internet 相连的服务器上去,这里主要使用站点管理器。和普通的 FTP 软件相比,Dreamweaver 主要的优势在于集成了网站管理的功能,比如检查网站内部链接的有效性,在文件名、文件位置等内容修改之后自动更新链接,协调多人开发网站等功能,使之更适合大型网站的开发。网站建成之后,剩下的就是一些日常的维护更新工作。Dreamweaver 在网站维护上的特色是其他网页编辑软件所无法比拟的。设计说明功能及时地跟踪网页文件的情况,网站报告强大,不仅仅可以用来监控网页,还可以用来监控设计说明和工作流程。特别是在多人开发同一网站的情况下,签入/签出功能有效地避免了编辑网页时可能会出现的冲突。

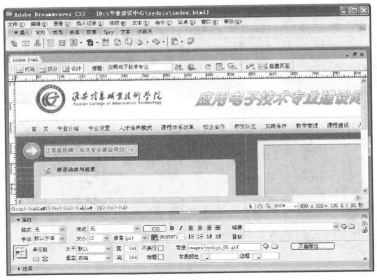

图 2-5　用 Dreamweaver 编辑页面

2.2.5　静态页面的动态化

动态网站从功能上简单可以分成前台静态模块和后台动态模块。前面制作的效果图与网页编辑以及动画制作简单可以理解为静态模块，而后台模块主要采用以下两种方式进行解决。

方式一：下载免费的网站管理平台，然后与前台整合，称之为代码融合。

方式二：所有功能完全自主开发，根据客户的要求定制，逐一实现功能。

以上两种方式各有利弊，方式一适用于初期网页设计的初学者，能够满足大多数通用网站，使用方法简单，但是不能随心所欲地实现通用以外的功能；方式二要求开发者能够具备一定的编程能力，对初学者要求较高，要求能够编写程序，属于网站开发的高级阶段，能够随心所欲实现各种功能。

本系统采用方式一来解决，通过百度网站搜索后台 CMS 系统后下载"讯时网站管理系统"（绿色版），通过网站整合后，即可完成网站，网站的后台管理界面如图 2-6 所示。

图 2-6　讯时网站管理系统

2.2.6　网站测试与发布

制作好网页后，不能立即发布站点，还需要对站点进行测试。可根据浏览器的种类、客户端的要求以及网站的大小进行站点测试，通常是将站点移到一个模拟调试服务器上进行测试或编辑。在测试站点的过程中应该注意如下问题。

➤ 　监测页面的文件大小以及下载速度。

➤ 　通过链接检查报告对链接进行测试。由于在网页制作中需要反复修改调整，可能会使某些链接所指向的页面被移动或删除，所以要检查站点中是否有断开的链接。若有，则要修复它们。

➤ 　为了使页面对不支持的样式、层、插件等在浏览器中能兼容且显示正常，需要进行浏览器兼容性的检查。使用"检查浏览器"的行为，可自动将访问者定向到其他的页面，这样就可以解决在较早版本的浏览器无法打开页面的问题。

➤ 　由于网页布局、字体大小、颜色和默认浏览器窗口大小等在目标浏览器中无法预见，需要在不同的浏览器和平台上进行预览并调试。

➤ 　在站点建设过程中，应不断地对站点进行测试，以便尽早发现并解决问题，避免以后重复出现。

完成了网站的测试，在发布站点之前，需要在 Internet 上申请一个主页空间，以存放网页文档并确定主页在 Internet 上的位置。进行网页发布时通常使用 FTP 软件上传网页到服务器中申请的网址目录下，这样速度比较快。当然也可以使用 Dreamweaver 和 FrontPage 中的发布站点功能进行上传。

2.2.7　站点的更新与维护

站点上传到服务器后，还需要定期对站点进行更新和维护，以保持站点内容的新鲜与活力，从而吸引更多的浏览者。

2.3　实例2：书法家庄辉网站项目规划

2.3.1　网站策划书的要点

一个规范的网站策划书应当包括网站的目标、主题、内容、风格和标准。

网站的性质不同，设计的要求也不同。例如，门户网站注重页面的分割、信息结构的合理、页面与图片的优化、界面的亲和等；企业网站重点突出企业形象、产品热点，对设计样式、图片质量要求相对较高。

网站的主题要求小而精，有针对性，尽量向专业靠拢；题材尽量新颖，不要随处可见，这样才能吸引用户多次浏览；网站名称要有特色，方便记忆，要考虑到为以后网站的形象作宣传推广。

以下为 8 条目前网站规划中应该体现的主要内容，根据不同的需要和建站目的、内容也会增加或减少。在建设网站之初，一定要进行细致的规划，这样才能达到预期的效果。

（1）建设网站的市场分析。

✧ 相关行业的市场是怎样的，市场有什么样的特点，是否能够在互联网上开展企业的业务。

✧ 从市场主要竞争者分析，竞争对手上网情况以及网站规划、功能作用。

✧ 公司自身条件分析、公司概况、市场优势，可以利用网站提升哪些竞争力，建设网站的费用、技术、人力等。

（2）建设网站的目的及功能定位。

✧ 建立网站，是为了宣传产品、进行电子商务，还是建立行业型网站。

✧ 整合公司资源，确定网站功能。根据公司的需要和计划，确定网站的功能是产品宣传型、网上营销型、客户服务型或电子商务型等。

✧ 根据网站功能，确定网站应达到的目的和作用。

✧ 了解企业内部网的建设情况和网站的可扩展性。

（3）网站技术解决方案。

根据网站的功能确定网站技术解决方案。

✧ 采用自建服务器，还是租用虚拟主机。

✧ 选择操作系统，用 Unix、Linux 还是 Window Server 2003/2008，分析投入成本、功能、开发、稳定性和安全性等。

✧ 相关程序开发，如网页动态程序 ASP、JSP、PHP、ASP.NET，使用数据库是采用 Access，还是 SQL Server2000、MY SQL 等。

（4）网站的内容规划。

✧ 根据网站的目的和功能规划网站内容，一般企业网站应包括：公司简介、产品介绍、服务内容、价格信息、售后服务、联系方式、网上定单等基本内容。

（5）网站界面设计。

✧ 网页界面设计一般要与企业整体形象一致，要符合 CI 规范。要注意网页色彩、图片的应用以及版面规划，保持网页整体一致性。

✧ 在新技术的采用上要考虑目标访问群体的分布地域、年龄阶层、网络速度、阅读习惯等。

✧ 制作网页改版计划，如半年到一年的时间进行较大规模的改版等，或根据网站的版式内容做扩容调整。

（6）网站维护。

✧ 服务器及相关软硬件的维护，对可能出现的问题进行评估，制定相应时间。数据库维护，有效地利用数据是网站维护的重要内容，因此数据库的维护要受到重视。

✧ 注重内容的更新与调整。

✧ 制定相关网站维护的规定，将网站维护制度化、规范化。

（7）网站测试。

网站发布前要进行细致周密的测试，以保证正常浏览和使用。主要测试内容有：

✧ 服务器的稳定性、安全性。

✧ 程序及数据库测试。

✧ 网页兼容性测试，如浏览器、显示器等。

✧ 网页的链接测试，压力测试等。

（8）网站发布与推广。

❖　网站测试后进行发布的公关、广告活动。

❖　搜索引擎登记等。

2.3.2　书法家庄辉网站策划书

通过与书法家庄辉的详细沟通，了解了需求后，现形成的策划书如下。

1. 项目引言

（1）分析书法家庄辉个人网站的可行性。

随着 Internet 技术的不断发展，内容新颖、充满个性的个人网站成了 Internet 的新主题，个人网站的数量直线上升。书法不分年龄、性别、层次，面向的是所有人，这样一个个人网站适合所有阶层，所有年龄层次，将拥有庞大的点击量，其前景还是很可观的。

（2）书法家庄辉个人网站大致思路。

符合：庄辉个人网站应当符合庄辉的个人形象，能够充分展示其人文精神和文化气息，能够展现庄辉其书法作品的风采。

实用：书法家庄辉个人网站应当让访问者最快找到他所需要欣赏与了解的作品，一目了然，轻松自如；同时，管理人员能够轻松进行网站内容更新和维护工作。

互动：访问者是一面镜子，书法家庄辉个人网站应当从访问者那里获取对网站以及网站中展示作品的反馈，能够捕捉访问者的信息，能够双向交流，使访问者在网站中充分发表见解，并加以吸收。

（3）编写目的。

为构建书法家庄辉个人网站制定文本文档，提供项目实施参考。

2. 网站设计需求

（1）建立完善的网络宣传系统。

作品展示是个人网站的重要职能。建立一个完善的网络宣传系统，分类合理，访问快捷，添加方便，管理科学。这样的一个作品展示系统，能够使访问者快速了解书法家庄辉的个人信息，并找到自己所希望看到的书法家庄辉各类作品，或者给书法家庄辉反馈意见，网站通过对访问者的信息反馈，能够快速了书法家庄辉与访问者之间的双向交流需求，为日后创造出更多更好的作品而打下基础。

（2）树立书法家庄辉个人网站良好的形象。

书法家庄辉以其良好的个人修养，雄健洒脱的书法作品赢得了广大爱好者的称赞。在其个人网站的建设中，也要展示出庄辉的良好的个人形象，并通过 Internet 传播其炉火纯青的书画艺术和人文精神。

3. 网站设计风格

网站语言：简体中文。

网站属性：个人网站。

网站风格：以书法家庄辉的各类书画作品为基础，根据不同层次书画爱好者的浏览习惯设计出一流的专业网站，吸引各个层次的书画爱好者对庄辉的个人网站产生浓厚兴趣，培养书画爱好者对书法家庄辉的个人网站的忠诚度。

4. 网站的内容分析

因为本网站主要针对不同层次的书画爱好者建立的，因此访问者大多为专业的书法家或者业余的书画爱好者，所以在建设网站内容时应考虑全面，所有专业的书法家及业余的书画爱好者关心的问题都应该考虑进去。

根据书法家庄辉的实际情况，为网站安排 10 个功能版块，具体如下所示。

个人简介：介绍书法家庄辉个人信息。

书法作品：展示书法家庄辉的书法作品。

国画作品：展示书法家庄辉的国画作品。

楷书作品：展示书法家庄辉的楷书作品。

篆书作品：展示书法家庄辉的篆书作品。

草书作品：展示书法家庄辉的草书作品。

行草作品：展示书法家庄辉的行草作品。

扇面作品：展示书法家庄辉的扇面作品。

留言系统：给访问者提供交流平台。

联系方式：给访问者提供书法家庄辉的联系方式。

5. 网站界面设计

网站主要以褐色为主色调，采用能反映中国传统书法文化的文房四宝体现网站特征，使整个网站反映出浓厚的文化气息。在主页面上设置了个人简介、国画作品、书法作品、联系方式四个主要栏目的超链接，能够使访问者快速了解书法家庄辉的个人信息，并找到自己所希望看到的书法家庄辉各类作品。

6. 网站技术解决方案

根据网站的功能确定网站技术解决方案。具体方案为租用虚拟主机；选用 Windows 操作系统，投入成本每年 600 元，这样网站稳定性和安全性能够得到保证等；自主开发个性网站；网站安全性措施，防黑、防病毒由专业公司保障；选择 ASP 动态程序及 ACCESS 数据库，能够满足用户需求。

7. 网站内容及实现方式

网站的结构导航主要包括个人简介、书法作品、国画作品、楷书作品、篆书作品、草书作品、行草作品、扇面作品等 10 个模块。这些模块中个人简介采用静态页面实现，常规功能采用 CMS 系统完成。

8. 网页设计

网页设计与书法家庄辉个人形象整体一致。注意网页色彩、图片的应用及版面策划，保持网页的整体一致性。

9．费用预算

网站制作费 3000 元，域名与虚拟主机费用 500/年，第一年使用 2500 元。

10．技术支持和培训

淮信科技有限公司培训中心负责书法家庄辉个人网站的终身维护工作，并负责为书法家庄辉个人网站日常管理人员和信息发布人员提供技术支持与指导。

培训网站管理系统、信息发布系统的使用与常规的网站维护方法。

11．网站发布与推广

网站测试后进行发布的公关，通过广告活动或搜索引擎登记等进行网站推广。

2.4　习题

1．基础简答题

（1）浅谈网站策划需要注意哪些问题？

（2）简述网站开发的流程？

2．项目实战题

（1）根据素材文件夹中的"中国服装印花工业网建设方案.doc"，学习行业网站的策划书书写。

（2）根据素材文件夹中的"企业网站策划书范文.doc"格式，结合江苏安达工程咨询监理有限公司网站（http://www.jsadjl.com），书写新版本企业网站策划书。

（3）根据素材文件夹中的"电子商务网站策划书范例.doc"，学习电子商务网站建设前期策划的各个方面。

（4）登录百度搜索引擎，下载 2 份企业网站策划书。

第**3**章

网页效果图设计

3.1 网页色彩概述

色彩给人的影响在很多时候可以说是起决定性作用的，色彩设计科学合理的网页应该是整洁而有秩序感的。只有在设计合理的色彩系统下、结合网页构图及网络图形，才能设计出美观大方的网站，获得浏览者的好感。在网页设计的过程中，可能会接触到各种各样的颜色。

生活在数字时代，提起数字人们最先想到的应该是 0 和 1，计算机就是将所有的信息转换成由 0 和 1 构成的信息流之后进行传播的。数字彩色也是通过 0 和 1 构成的数字信号显示出的颜色，这与模拟信号的概念不同。

现在随着数码技术的不断发展、数字颜色的应用领域也在不断扩大。在数字环境中有很多不同的设备与计算机连接，光源色与印刷色的特性在数字颜色中同时存在也相互影响着。

3.1.1 色彩的基本理论

1. RGB 颜色

网页颜色主要由 3 种基本颜色组成，它们是红（Red）、绿（Green）、蓝（Blue），其他的颜色是由这 3 种颜色调和而成的。

2. 颜色的三要素

色相：即是颜色的相貌称谓，如红色、橙色、黄色、绿色等。

纯度：也称饱和度。纯度也称彩度，是指颜色的鲜艳程度，即颜色的色素含量。如果纯度高，则色彩艳丽，否则颜色淡灰。正红色、正黄色、正蓝色等都是纯度极高的颜色，而灰色则是纯度最低的颜色。

　　明度：也称亮度，是颜色的明暗程度，是各色相中白色的含量。白色是明度最高的色调，白色的明度为 100%，黑色的明度为 0%。

3. 色环

把一条连续彩虹中的"可见光"分解成从红到紫的色谱就得到一个色环。如图 3-1 所示。

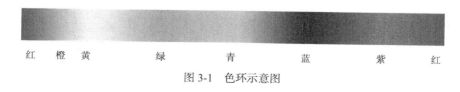

红　橙　黄　　　　　绿　　　青　　　蓝　　　紫　　　红

图 3-1　色环示意图

3.1.2　颜色的含义

　　色彩在人们的生活中都是有丰富的感情和含义的。例如，红色让人联想起玫瑰，联想到喜庆，联想到兴奋等，不同的颜色含义也各不相同，表 3-1 所示为一些常用的颜色所表示的不同含义。

表 3-1　　　　　　　　　　　　　　颜色的含义一览表

颜色	含　义	具体表现	抽象表现
红色	一种对视觉器官产生强烈刺激的颜色，在视觉上容易引起注意，在心理上容易引起情绪高昂，能使人产生冲动，愤怒，热情，活力的感觉	火、血、心、苹果、夕阳、婚礼、春节等	热烈、喜庆、危险、革命等
橙色	一种对视觉器官产生强烈刺激的颜色，由红色褐黄色组成，比红色多些明亮的感觉，容易引起注意	橙子、柿子、桔子、橘子、秋叶、砖头、面包等	快乐、温情、积极、活力、欢欣，热烈，温馨，时尚等
黄色	一种对视觉产生明显刺激的颜色，容易引起注意	香蕉、柠檬、黄金、蛋黄、帝王等	光明、快乐、豪华、注意、活力、希望，智慧等
绿色	对视觉器官的刺激较弱，介于冷暖两种色彩的中间，显示出和睦，宁静，健康，安全的感觉	草、植物、竹子、森林、公园、地球、安全信号	新鲜、春天、有生命力、和平、安全、年轻、清爽、环保等
蓝色	对视觉器官的刺激较弱，在光线不足的情况下不易辨认，具有缓和情绪的作用	水、海洋、天空、游泳池	稳重、理智、高科技、清爽、凉快、自由等
紫色	由蓝色和红色组成，对视觉器官的刺激正好综合强弱，形成中性色彩	葡萄、茄子、紫菜、紫罗兰、紫丁香等	神秘、优雅、女性化、浪漫、忧郁等
褐色	在橙色中加入了一定比例的蓝色或黑色所形成的暗色，对视觉器官刺激较弱	麻布、树干、木材、皮革、咖啡、茶叶等	原始、古老、古典、稳重、男性化等

续表

颜色	含　义	具体表现	抽象表现
白色	自然日光是由多种有色光组成的，白色是光明的颜色	光，白天、白云、雪、兔子、棉花、护士、新娘等	纯洁、干净、善良、空白、光明、寒冷等
黑色	为无色相、无纯度之色，对视觉器官的刺激最弱	夜晚、头发、木炭、墨、煤等	罪恶、污点、黑暗、恐怖、神秘、稳重、科技、高贵、不安全、深沉、悲哀、压抑等
灰色	由白色与黑色组成，对视觉器官刺激微弱	金属、水泥、砂石、阴天、乌云、老鼠等	柔和、科技、年老、沉闷、暗淡、空虚、中性、中庸、平凡、温和、谦让、中立和高雅等

3.2　网页配色方案

3.2.1　网页配色的原则

网页配色并不是一件很容易做好的事情，它可以说是一项技术性工作，同时它也是一项非常具有艺术性的工作。如果没有对颜色的认识和视觉的把握能力，是没有办法做好网页配色的。除了以上能力，设计者在进行网页配色时还需要考虑网站本身的特色，并遵循一定的艺术规则，才可以让网页的色彩具有独特的吸引力。下面提供几个网页配色的基本原则。

1．强调特色，个性鲜明

无论是整个网站或者单个网页，它的配色都应该有自己独特的风格。如果没有自己的特色最多只能停留在美观这个层面，而无法达到专业水准。另外，网页的用色也需要配合网站的特色，从而突出网站的个性，如此更容易让访问者留下深刻的印象。图 3-2 所示为伊利网站的主页，网页以绿色、蓝色和白色为主色调，给人以清爽的感觉。

图 3-2　强调特色清爽风格的页面

2．总体协调，局部对比

对于网页的配色，建议遵循"总体协调，局部对比"的原则，即网页的整体色彩效果应该是和谐的，只有局部、小范围的地方让色彩有一些强力的对比。这样的局部色彩对比，不但可以避免网页色彩显得过于单调，也可以保持网页的整体风格。如图 3-3 所示，网页整体色彩使用暖色系作为主色，而导航栏部分的各个菜单按钮使用不同的颜色作为对比，这样既可维持网页的整体色彩效果，又可以加强色彩对视觉的冲击。

图 3-3　整体协调局部对比的页面

3．遵循艺术规则，合理搭配

网页配色不仅是一项技术工作，也是一项具有艺术性的工作。对网页进行配色时，必须遵循设计规则，并考虑人的感情因素，再进行大胆的创新与合理的搭配，才能设计出让人感到和谐、愉快的网页，从而体现设计的艺术价值。图 3-4 所示网站以黑色与绿色搭配形成了鲜明的视觉冲击力，从而提高了整个网页的亮度。

图 3-4　黑色与绿色搭配提亮整个页面

3.2.2　网页配色的方法

网页配色要细心，且通过多次的测试得到最佳效果。下面提供几个网页的配色的方法。

1. 底色与图形要协调

目前，图像在网页中可以说是不可缺少的元素，而图形的色彩也影响着整个网页的色彩效果。特别是网页底色与图形色的搭配对网页的效果非常重要。

一般来说会使用图形作为页面的主要元素，所以底色与图形之间必须有明显的对比，这样可以非常鲜明地突出页面内容，将图形的美感快速传递给访问者，如图 3-5 所示。如果底色跟图形色没有明显的对比，甚至色彩效果还超出图形，就会喧宾夺主，掩盖了图形的效果。

图 3-5 底色与图形色结合

2. 需要考虑整体色系

在进行网页配色时，需要考虑网页整体色调的处理。怎样控制好整体色彩呢？最简单的方法是：首先确定占大面积的色彩效果，并根据这种颜色来选择不同的配色方案，如此就可以达到不同效果的整体色调。用暖色系的配色方案，可以让网页呈现出温暖的感觉，如图 3-6 所示；用冷色系的方案，就会让网页呈现出清凉、平静的感觉，如图 3-7 所示。

 色彩学中，将色彩按色温分为：暖色、冷色和中间色。红色、橙色、黄色、褐色都属于暖色；青色、蓝色、紫色、绿色都属于冷色。

图 3-6 使用暖色配色的网站

图 3-7 使用冷色配色的网站

3. 善用色彩的调和

在网页配色时，通常会使用多种颜色。当两种或者两种以上的颜色在一起显得不够协调时，就需要在它们中间插入几个近似色，让它们出现阶梯渐变的效果，这就是色彩的调和。采用色彩调和的方法，可以使网页避免色彩杂乱，达到页面和谐统一的效果，如图 3-6 所示。

所谓的色彩的近似色，就是在色谱上相邻的颜色，例如绿色与蓝色、红色与黄色就互为近似色。

4. 善用色彩的对比

色彩对比是突出重点，产生强烈的视觉效果的一种常用方法。在进行色彩配色时，通过合理进行对比色的搭配使用，就可以轻易突出重点。不过需要注意的是，这种色彩的对比不能过多，范围不能过大，最好以一种颜色为主色调，然后将其对比色作为点缀，即可起到画龙点睛的作用。如图 3-4 所示，使用黑色与草绿色还有白色进行搭配，对比强烈，突出重点。

3.3 网站版式布局

3.3.1 网页版式布局的要点

网页的美感除了来自网页的色彩和色彩搭配外，还有一个更重要的因素就是网页的版式布局设计，网页的版式布局设计突出了网页设计的艺术性和个性，好的版式设计会使网页显得更具美感和创意。好的网页设计必须兼顾网页的实用功能与审美功能。

1. 实用功能

网页内容的主次一定要从网页的版式上体现出来，网页设计要突出重点内容。
网页的导航一定要清晰，这和网页的版式设计有着非常重要的联系。
网页的版式布局设计决定了网页的布局，布局合理和逻辑性也是网页版式设计的要点。

2. 审美功能

网页的版式要具有整体性、一致性，总体来讲就是统一。
要合理地划分整个页面，安排页面各组成元素，即分割。
通过合理运用矛盾和冲突，使设计更加富有生机和活力，即对比。
当然也要考虑是功能优于形态，还是形态优于功能？
不管是面对什么领域的网站，网页设计师都会受到两种表现方法的困扰，必须考虑两个条件的比重和协调。与注重使用性、实用性及目的性的设计相比，仅仅重视形态的设计称作艺术家的创作作品更为合适；当然，仅仅重视功能的设计容易缺乏审美上的创意。因此，形态和功能的协调是网页设计师必须要解决的两大课题。当然，形态和功能的优先顺序是由设计课题决定的，但设计也是"从造型上将所赋予的目的实体化"。也就是说，网页设计师的最终任务也就是满足所赋予的目的，因此，对于功能的理解要处于优先位置，然后才是形态。

3.3.2　版式构成的类型

根据视觉流程的类型及网页版式，总结出以下版式构成的类型：水平分割、垂直分割、水平 – 垂直交叉分割等。其中，水平分割、垂直分割、水平 – 垂直交叉分割常用到水平线、垂直线、矩形等，这些形式在网页制作时容易实现，且页面能容纳较多的信息含量，因而是网页界面中使用相当广泛的构成类型。下面简单介绍一下这几种分割形式。

1．水平分割

页面中的水平分割与排列，强调了水平线的作用，使页面具有安定、平静的感觉，观众的视线在左右移动中捕捉视觉信息，符合人们的视觉习惯。

将页面分割成上下相等的两部分。图 3-8 所示为水平均匀分割，上半部用作视觉表现，引发情感，下半部用来解释说明，上半部多为主体形象。在水平分割的基础上进行变化，如图 3-9 所示，水平分割与斜线、弧线相结合，打破了页面的安定，产生运动和速度感。

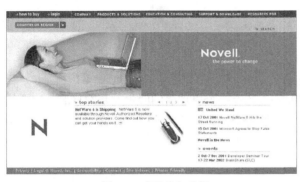

图 3-8　水平均匀分割

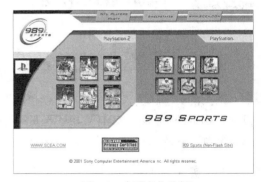

图 3-9　水平变化分割

2．垂直分割

页面中的垂直分割与排列，则强调垂直线的作用，具有坚硬、理智、冷静和秩序的感觉。

把页面分割为左右相等的两部分，在视觉习惯上，当左右两部分形成强弱对比时，会造成视觉心理的不平衡。这时，可将分割线作部分或全部的弱化处理，或在分割处加入其他元素，使左右部分的过渡自然而和谐。如图 3-10 所示，左右两部分在色彩上的对比由于视觉中心的图文而减弱，左上角的标志减轻左半部的重量感，使页面更为融合。

图 3-10　垂直均匀分割

把页面分割为左右不相等的两部分。左边的视觉注意度较高，因而放置标志、导航信息、主体形象等，如图 3-11 所示。

图 3-11　垂直不均匀分割

3．水平-垂直分割

将水平与垂直分割交叉使用，它们之间容易形成对比关系，较之单向分割更为丰富、实用而灵活多变。下面举例说明。

如图 3-12 所示，采用典型的"冂"型构图，艳丽的嫩绿色和略带变化的分割方式，打破了构成方式的呆板，使页面更具个性化和青春气息。

如图 3-13 所示，采用"匚"型构图，顶部为主栏目导航，左侧为次级栏目导航。

图 3-12　水平 – 垂直分割 1

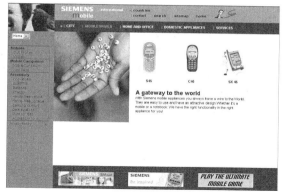

图 3-13　水平 – 垂直分割 2

网页界面的版式设计实际上没有固定的格式可循，以上列举的版式类型是对现有版式的人为归纳和总结，并不是设计的"模式"。在实际的设计中，大家应根据网页界面的具体内容和要求，勇于突破传统和形式框架的束缚，创新贵在突破。

3.3.3　网页布局类型的确定方法

在确定网页布局类型时，最重要的注意事项是网站的内容结构和性质。

通过网页要表达的内容确定信息类型及层次结构将直接影响网页布局和导航结构，这也是在确定网页布局类型时必须要考虑的事项。网页布局必须通过设计向使用者提供便利的使用环境和很强的实用性。

内容性质是考虑有效的表现策略和方法时要注意的事项。内容属性不会对网页布局结构和形态带来直接影响；不过在确立设计理念的过程中，内容性质是可以检验并判断普通、独特等网页布局形态的设计是否适合网页外观风格的标准。

　　首先要检验适合内容层次而非网页布局形态的网页布局结构，构思时必须考虑适合网页布局结构的网页布局形态设计。但是，许多网页设计师并没有考虑并检验网页布局形态，而是按照网页布局结构很自然地确定网页布局形态。因此，以网页布局形态为标准，分析网站及网页的设计案例，可以扩展网页布局形态的设计思路。

　　确定网页布局类型的方法有很多，下面介绍其中的两种方法。

1. 把内容放入自己喜欢的网页类型中

　　如图 3-14 所示，在开发一个新的网站时，首先会进行一些优秀的网站的搜索，在看到一个好的网页布局时，就可将网站里的内容修改成自己所需要的内容，同时观察网页的变化，参照下面几条标准，确认是否能够修改网页内容或存在不合理的页面构成元素，检验参考网站的网页布局类型是否符合目标网页的要求。

　　类似于参考网站的页面构成，导航结构是否合适？

　　能否实现类似于参考网站的信息架构及多样的内容？

　　是否具有适合类似于参考网站主页的网页内容（导航栏、广告、新闻、热点专题、其他信息等）？

　　可以看出，选择网页布局类型时最重要的依据是内容及信息架构。

　　也就是说，仅仅以漂亮、好看为标准是无法确定网页布局类型的。如前所述，合适内容的筹备、信息架构的规划及在此基础上网页布局结构的确定，才是确定网页布局类型的重要指标。因此，把内容放入自己喜欢的网站中，这是能够评测网页设计师构思的网页布局类型是否适合内容结构及数量的有效方法，如图 3-15 所示为根据图 3-14 参考结构修改的淮信科技有限公司培训中心网站界面。

某科技有限公司网站		服务理念		
网站动画				
网站导航				
文档搜索	服务动态	专家指导	技术研讨	关爱社会
分类显示				
友情链接				
版权信息				

图 3-14　某企业网站的结构布局图

图 3-15　淮信科技有限公司培训中心的网站

2. 草绘出几个不同的网页类型的模板

网页布局结构不同，网页内容给人的视觉效果也存在很大差别，可能让人觉得充实，也可能让人觉得空间空洞。因此，最好在设计一个项目时可以同时草绘出两三个不同类型的模板，然后根据不容类型网页布局的特点及视觉效果差异，检查网页内容及设计视觉要素的表现方法是否合适，确定网站的内容和形态，最后选择最合适的网页布局类型。

以"淮安市专用汽车制造公司网站"的 4 个参考方案来理解这种方法，如图 3-16 所示。

（a）

（b）

（c）

（d）

图 3-16　淮安市专用汽车制造公司网站的设计方案

（a）方案 1　（b）方案 2　（c）方案 3　（d）方案 4

3.4 Photoshop 应用基础

3.4.1 认识 Photoshop CS5 界面

Photoshop CS5 的工作界面主要由标题栏、菜单栏、工具箱、工具属性栏、面板栏、文档窗口、状态栏等组成，如图 3-17 所示。下面介绍这些功能项的含义。

图 3-17　Photoshop CS5 软件界面

标题栏：标题栏用于显示当前应用程序的名称和相应功能的快捷图标，以及用于控制文件窗口显示大小的最小化、窗口最大化、关闭窗口等几个快捷按钮。

菜单栏：菜单栏是软件各种应用命令的集合处，从左至右依次为文件、编辑、图像、图层、选择、滤镜、视图、窗口、帮助等菜单命令，这些菜单集合了 Photoshop 的上百个命令。

工具箱：工具箱中集合了图像处理过程中使用最为频繁的工具，使用它们可以绘制图像、修饰图像、创建选区以及调整图像显示比例等活动。它的默认位置在工作界面左侧，拖曳其顶部可以将它拖放到工作界面的任意位置。工具箱顶部有个折叠按钮，单击该按钮可以将工具箱中的工具排列紧凑。

工具属性栏：在工具箱中选择某个工具后，菜单栏下方的属性栏就会显示当前工具对应的属性和参数，用户可以通过这些设置参数来调整工具的属性。

面板栏：面板栏是 Photoshop CS5 中进行颜色选择、图层编辑、路径编辑等的主要功能面板，单击控制面板区域左上角的扩展按钮，可打开隐藏的控制面板组。如果想尽可能显示工具区，单击控制面板区右上角的折叠按钮可以最简洁的方式显示控制面板。

文档窗口：编辑窗口是对图像进行浏览和编辑的主要场所，图像窗口标题栏主要显示当前图像文件的文件名及文件格式、显示比例及图像色彩模式等信息。

状态栏：状态栏位于窗口的底部，最左端显示当前图像窗口的显示比例，在其中输入数值后按<Enter>键可以改变图像的显示比例；中间显示当前图像文件的大小；右端显示当前所选工具及正在进行操作的功能与作用。

3.4.2　Photoshop CS5 的基本操作

1．图像文件的创建

执行"文件"→"新建"命令，打开"新建"对话框，如图 3-18 所示，单击"确定"按钮即可完成图像文件的创建。"新建"对话框中各参数含义如下。

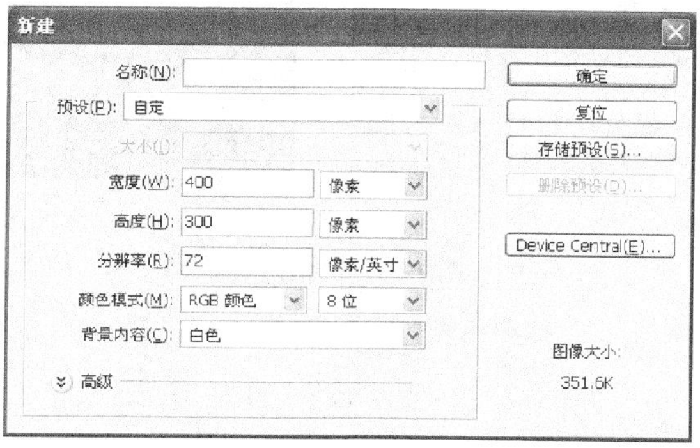

图 3-18　"新建"对话框

名称：设置图像的文件名。

预设：指定新图像的预定义设置，可以直接从下拉框中选择预定义好的参数。

宽度和高度：用于指定图像的宽度和高度的数值，在其后的下拉列表框中可以设置计量单位（"像素"、"厘米"、"英寸"等），数字媒体、软件与网页界面设计一般用"像素"作为单位，应用于印刷的设计一般用"毫米"作为单位。

分辨率：主要指图像分辨率，就是每英寸图像含有多少点或者像素。

颜色模式：网页界面设计主要用 RGB（主要用于显示器显示）。

背景内容：该项有"白色"、"背景色"、"透明" 3 种选项。

2．保存与关闭

执行"文件"→"存储为"命令，打开"存储为"对话框，选择合适的路径，并输入合适的文件名即可保存图像（默认格式为 PSD，网络中一般使用 JPG、PNG 或 GIF 格式）。

执行"文件"→"关闭"命令即可关闭图像，当然直接单击窗口的右上角的关闭按钮 区 也能完成同样的功能。

3．图像文件的打开与屏幕模式

图像的打开：执行"文件"→"打开"命令，调出"打开"窗口，选择图片的路径图像即可打开图像。

在 Photoshop 中有 4 种不同的显示模式，这 4 种显示模式可以通过标题栏中的"应用程序"

按钮 来切换，或执行"视图"→"屏幕模式"下的其他命令也可以完成切换。

屏幕模式分为"标准屏幕模式"、"最大化屏幕模式"、"带有菜单的全屏模式"、"全屏模式"4种。4种模式的比较如图 3-19 所示。

4种模式的切换也可以通过快捷键<F>来实现，连续按快捷键<F>可以在这 4 种模式间快速切换。为了更好地显示图像的效果还可以按快捷键<Tab>来隐藏"工具箱"和"面板栏"。

（a）   （b）

图 3-19　屏幕模式

（a）标准屏幕模式　（b）全屏模式

4.　图像与画布大小的操作

通过前面的学习，大家知道像素作为图像的一种尺寸或者单位，只存在于计算机中，如同 RGB 色彩模式一样只存在于计算机中。像素是一种虚拟的单位，现实生活中并没有这个单位。打开一幅图片"长城.psd"（图 3-19 中浏览的图像），执行"图像"→"图像大小"命令，可以看到图像的基本信息，如图 3-20 所示。

可以看到这张图片的图像大小，宽度为 850 像素，高度 436 像素，文档大小中宽度为 29.99 厘米，高度为 15.39 厘米，分辨率为 72 像素/英寸（1 英寸=2.54 厘米）。通过修改图像大小可以完成图像的放大与缩小。

修改画布大小的方法是执行"图像"→"画布大小"命令，即可显示如图 3-21 所示的"画布大小"对话框，它可用于添加现有的图像周围的工作区域，或减小画布区域来裁切图像。

图 3-20　"图像大小"面板　　　　　　　图 3-21　"画布大小"面板

在"宽度"和"高度"框中输入所需的画布尺寸，从"宽度"和"高度"框旁边的下拉菜单中可以选择度量单位。

如果选择"相对"复选框，在输入数值时，则画布的大小相对于原尺寸进行相应的增加与减少。输入的数值如果为负数表示减少画布的大小。对于"定位"，点按某个方块以指示现有图像在新画布上的位置。从"画布扩展颜色"下拉列表中可以选择画布的颜色。

在"画布大小"窗口中设置好参数后，单击"确定"按钮，修改就完成了。

5. 前景色与背景色的设置

Photoshop 使用前景色绘图、填充和描边选区，使用背景色进行渐变和填充图像中的被擦除的区域。工具箱的前景色与背景色的设置按钮在工具箱中，如图 3-22 所示。

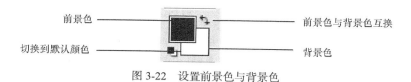

图 3-22　设置前景色与背景色

用鼠标单击前景色或背景色颜色框，即可打开"拾色器"对话框，如图 3-23 所示。

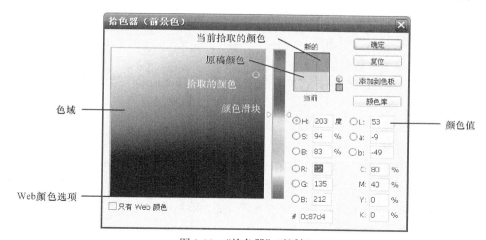

图 3-23　"拾色器"对话框

在左侧的颜色色块中任意点击，或者在右侧对话框中输入其中一种颜色模式的数值均可得到所需的颜色。

选择工具箱中的"吸管工具"，然后在需要的颜色上单击即可将该颜色设置为当前的前景色，当拖曳吸管工具在图像中取色时，前景色选择框会动态地发生相应的变化。如果单击某种颜色的同时按住<Alt>键，则可以将该颜色设置为新的背景色。

6. 选区工具的使用

选择区域就是用来编辑的区域，所有的命令只对选择区域的部分有效，对区域外无效。选择区域是用黑白相间的"蚂蚁线"表示，其中用于选择区域操作的工具包括选框工具、套索工具、魔棒工具等。

（1）矩形选框工具。

使用"矩形选框工具"可以方便地在图像中制作出长宽随意的矩形选区。操作时，只要在图像窗口中拖曳鼠标即可建立一个简单的矩形选区（可以复制、粘贴），如图 3-24 所示。

图 3-24　建立矩形选区

在选择了"矩形选区工具"后，Photoshop 的工具选项栏会自动变换为"矩形选框工具"参数设置状态，该选项栏分为选择方式、羽化、消除锯齿和样式四部分，如图 3-25 所示。

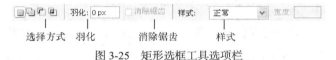

图 3-25　矩形选框工具选项栏

取消蚂蚁线的方式是执行"选择"→"取消选择"命令。

选择方式又分为以下几种功能。

新选区：清除原有的选择区域，直接新建选区。这是 Photoshop 中默认的选择方式，使用起来非常简单。

添加到选区：在原有的选区的基础上，添加新的选择区域。

从选区减去：在原来选区中，减去与新的选择区域交叉的部分。

与选区交叉：使原有选区和新建选区相交的部分成为最终的选择范围。

羽化：设置羽化参数可以有效地消除选择区域中的硬边界并将它们柔化，使选择区域的边界产生朦胧的渐隐效果。对图 3-24 中的选取内容进行羽化前后的对比效果如图 3-26 所示。

（a）　　　　　　　　　　　　　　　　　　（b）

图 3-26　矩形选取工具的"羽化"选择方式

（a）未进行羽化　（b）羽化后的效果

样式：当需要得到精确的选区的长宽特性时，可通过选区的"样式"选项来完成。样式分为3 种：正常、固定长宽比、固定大小，大家可以自行测试选区的样式。

（2）单行和单列选框工具。

选区工具中还包括两个工具，一个是"单行选框工具" ，另一个是"单列选框工具" 。使用"单行选框工具"可以在图像上建立一个只有 1 个像素高的水平选区，而使用"单列选框工具"可以在图像上建立一个只有 1 个像素宽的垂直选区。

在网页界面设计时经常用到，用它来分割大的图像，或者来创建网页背景图。

（3）椭圆形选框工具。

使用"椭圆形选框工具"可以在图像中制作半径随意的椭圆或圆形选区。它的使用方法和"矩形选框工具"大致相同。

（4）套索工具。

"套索工具"可以创建手绘的选择边框，只要沿着图像拖曳鼠标即可建立需要的选区。使用该命令时要注意几点。

✧　如果选择时曲线的起点与终点未重合，则 Photoshop 会自动将曲线封闭。

✧　如果要绘制直边选区，可按住<Alt>键，并在合适的位置单击鼠标即可，此时可以在套索工具和多边形套索工具之间切换。

✧　按住<Delete>键，可以删除最近所画的所有的线条，直到剩下想要保留的部分，松开<Delete>键即可。

（5）多边形套索工具。

"多边形套索工具"可以制作折线轮廓的多边形选区，使用时，先将鼠标移到图像中单击以确定折线的起点，然后再陆续单击其他折点来确定每一条折线的位置。最终当折线回到起点时，光标会出现一个小圆圈，表示选择区域已经封闭，这时再单击鼠标即可完成操作。

"多边形套索工具"使用的过程中如果图像超出窗口时，可以按住键盘上的"空格"键切换到"抓手工具"对图像进行移动，松开"空格"键后回至"多边形套索工具"继续操作。

（6）魔棒工具。

"魔棒工具"能够把图像中颜色相近的区域作为选区的范围，以选择颜色相同或相近的色块。使用起来很简单，只要用鼠标在图像中点击一下即可完成操作。"魔棒工具"主要用在颜色反差相对较大的图像中，完成的选区如图 3-27 所示。

"魔棒工具"的选项栏中包括选择方式、容差、消除锯齿、连续和对所有图层取样等，如图3-28 所示。

图 3-27　魔棒工具的选择结果

图 3-28　魔棒工具选项栏

在这里介绍一下容差，容差是用来控制"魔棒工具"在识别各像素色值差异时的容差范围。可以输入 0~255 之间的数值，输入较小的值可选择与所点按的像素非常相似的较少的颜色，或输入较高的值可选择更宽的色彩范围，如图 3-29 所示设置为 10 和 60 的效果比较。

（a）　　　　　　　　　　　　　　　　　（b）

图 3-29　容差设置选区效果对比

（a）容差设为 10 的效果　　（b）容差设为 60 的效果

（7）修改选区。

选区的修改可以执行"选择"→"修改"命令，然后执行想要的选区控制方式："扩展"、"收缩"、"平滑"、"边界"。

（8）变换选区。

"变换选区"命令可以对选区进行缩放、旋转、斜切、扭曲和透视等操作。先创建一个选区，然后执行"选择"→"变换选区"命令，则进入选区的"自由变换"状态，在自由变换选区状态下，单击鼠标右键，或者执行"编辑"→"变换"命令，则可以对选取范围进行缩放、斜切、扭曲和透视等操作，如图 3-30 所示。

图 3-30　自由变换工具

7. 绘图工具的使用

（1）渐变工具的使用。

"渐变工具" ▭ 的作用是产生逐渐变化的色彩，在设计中经常使用到色彩渐变。

在图像中选择需要填充渐变的区域，起点（按下鼠标处）和终点（松开鼠标处）会影响外观，具体取决于所使用的渐变的工具。

从工具箱中选择"渐变工具"，取前景色为#b27516（十六进制的 RGB 表示法），背景色# c9ac78，接着在选项栏中选取渐变填充（对称渐变▭），鼠标从起点 1 拖曳到终点 2 后的效果，如图 3-31 所示右侧效果。

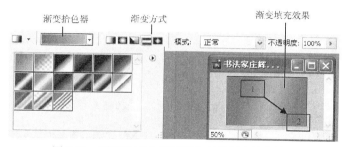

图 3-31　"渐变工具"选项栏与对称渐变填充效果

　　单击渐变样本旁边的三角可以挑选预设的渐变填充。如果在这里找不到合适的渐变颜色，可以单击"可编辑渐变"按钮 ▢▢▢▢▢▢|▾，将打开"渐变编辑器"，如图 3-32 所示。

　　在"渐变填充"按钮包括了"线性渐变"▢（以直线从起点渐变到终点），径向渐变▢（以环形图案从起点到终点），角度渐变▢（围绕起点以逆时针扇形扫描方式渐变），对称渐变▢（使用均衡的线性渐变在起点的任一侧渐变），菱形渐变▢（以菱形方式从起点向外渐变）。

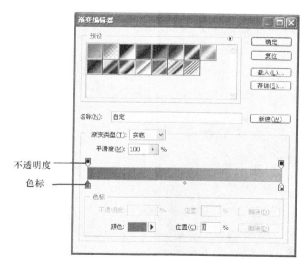

图 3-32　渐变编辑器

　　（2）油漆桶工具的使用。

　　"油漆桶工具" ▢ 的使用是为某一块区域着色，着色的方式为填充前景色和图案。使用的方式很简单，首先选择一种前景色，然后在工具箱中选择"油漆桶工具"，最后在所需的选区中点击即可，如果想填充复杂的效果，可以设置相应的参数，如图 3-33 所示。

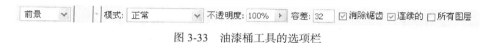

图 3-33　油漆桶工具的选项栏

　　（3）文字工具的使用。

　　在网页设计中，文字有很重要的地位，一些重要的信息一般都是通过文字来传达，如果给文字加上一些特效，网页就会起到画龙点睛的作用，那么在 Photoshop 中，有如图 3-34 所示的 4 个文字工具。文字是以文本图层的形式单独存在的。

■ T 横排文字工具　　　T
　 ↓T 直排文字工具　　　T
　 ▨ 横排文字蒙版工具　T
　 ▨ 直排文字蒙版工具　T

图 3-34　文字工具

通常主要使用"横排文字工具"和"直排文字工具",但它们只是方向上的不同,在此只给大家介绍"横排文字工具"的使用方法。

利用"横排文字工具"可以在图像中添加水平方向的文字,从工具箱中选择该工具后,其选项设置如图 3-35 所示。

图 3-35 "文字工具"选项

3.4.3 图层的相关应用

1. 图层概述

所谓图层就好比一层透明的玻璃纸,透过这层纸,可以看到纸后的东西,而且无论在这层纸上如何涂画都不会影响其他层的内容。

现在通过打开一个 Photoshop 合成的图像(鲜花.psd)如图 3-36 所示,通过"图层面板"来认识一下图层以及"鲜花.psd"相应的结构,如图 3-37 所示。

图 3-36 Photoshop 作品"鲜花.psd"

图 3-37 "图层"面板

图 3-37 中图层面板的功能说明:

"正常"表示:设置图层的混合模式。

□ ╱ ✛ ⬛ 分别表示:锁定透明像素、锁定图像像素、锁定位置、锁定全部。⬛表示:指示图层可见性。⊖⊖表示:连接图层。ƒx表示:添加图层样式。◻表示:添加图层蒙版。⬤表示:创建新的填充或者调整图层。▭表示:创建新组。▣表示:新建图层。🗑表示:删除图层。

常见的图层主要有 4 种类型:普通图层、文本图层、调节图层、背景图层。

图层的基本操作有:创建图层、移动图层、复制图层、删除图层、链接图层、合并图层、隐藏/显示图层、图层编组等,同时对链接图层可以实现图层的对齐与排列。

2. 图层样式的使用

图层样式是创建图像特效的重要手段,Photoshop 提供了多种图层样式效果,可以快速更改图层的外貌，为图像添加阴影、发光、斜面、叠加和描边等效果，从而创建具有真实质感的效果。应用于图层的样式将变为图层的一部分，在"图层"面板中，图层的名称右侧将出现 *fx* 图标，单击图标旁边的三角形，可以在调板中展开样式，以查看并编辑样式。

新建一个图像，输入文字"网页设计与制作案例教程"后如图 3-38 所示.。

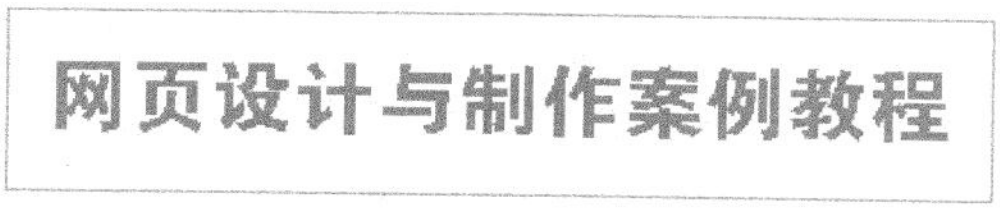

网页设计与制作案例教程

图 3-38　文字工具属性

Photoshop 提供了可以应用到图层的特殊效果，如投影、发光、描边等。应用样式后，图层面板中图层名称的右边将会出现一个 *fx* 图标，图层效果被链接到图层内容上。在移动或编辑图层内容时，图层效果将发生相应的变化。

现在给图 3-38 添加图层样式效果，在"图层面板"左下角点击"图层样式"按钮 *fx* 图标，即可弹出"图层样式"对话框，如图 3-39 所示，设置投影效果、斜面与浮雕效果、渐变叠加效果、描边效果后图层面板如图 3-40 所示，最终的文字"网页设计与制作案例教程"的效果如图 3-41 所示。

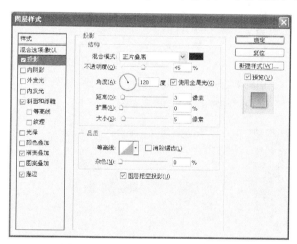

图 3-39　文字的图层样式设置对话框

图 3-40　文字设置样式后的图层面板

网页设计与制作案例教程

图 3-41　文字设置图层样式后的效果

简单介绍"图层样式"包括的各种效果：

投影：可以给图层内容添加投影效果。

内阴影：可以在图层内容边缘的内部增加投影，产生凹陷的效果。

外发光、内发光：可以在图像边缘的外侧或内侧增加发光效果。

斜面和浮雕：可以为图层内容增加不同组合方式的高亮和阴影效果，从而产生逼真的立体效果。

光泽：可以在图层内部根据图层的形状应用阴影效果，通常会创建出光滑的磨光效果。

颜色渐变：可以用颜色对图层实现渐变的效果。

描边：可以使用图层样式在当前图层上描画对象的轮廓。

3. 图层混合模式的使用

网页设计效果图制作过程中混合图像时，图层的混合模式是最为有效的技术之一，恰当地将两幅或多幅图像间使用混合模式，能够轻松地制作出图像间相互隐藏、叠加，混融为一体的效果。

Photoshop 将混合模式分为 6 大类 23 种混合形式，即：组合模式（正常、溶解），加深混合模式（变暗、正片叠底、颜色加深、线性加深），减淡混合模式（变亮、滤色、颜色减淡、线性减淡），对比混合模式（叠加、柔光、强光、亮光、线性光、点光、实色混合），比较混合模式（差值、排除），色彩混合模式（色相、饱和度、颜色、亮度）。现进行介绍如下。

应用实例：现在使用图 3-31 中绘制的渐变图像与书法作品进行混合，如图 3-42 为混和前的状态，图 3-43 为柔光混合后的效果，图 3-44 为柔光模式配合不透明度（24%）后的效果。

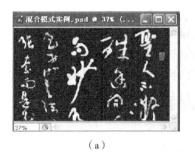 

（a）　　　　　　　　　　　　（b）

图 3-42　正常模式下图层 1 与图层 2 的显示效果

（a）正常模式显示效果　　（b）正常模式下的图层面板

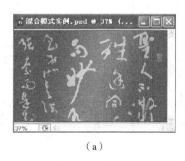 

（a）　　　　　　　　　　　　（b）

图 3-43　柔光模式下图层 1 与图层 2 的显示效果

（a）柔光模式显示效果　　（b）柔光模式下的图层面板

（a）　　　　　　　　　　　　（b）

图 3-44　柔光模式下图层 1 与图层 2 的显示效果（配合不透明度 24%）

（a）柔光模式显示效果　　（b）柔光模式下的图层面板

3.4.4　Photoshop CS5 专业快捷键的应用

快捷键操作是指通过键盘的按键或按键组合来快速执行或切换软件命令的操作，作为职业的平面设计师如果不会快捷键，就好像书法爱好者不懂怎样握毛笔一样。用快捷键与不用快捷键相比，平面效果图的制作效率至少提高一倍，换句话说，如果用快捷键操作 3 个小时完成的工作，不用快捷键可能要一天干 6 个小时才能完成，甚至还要加班完成。

高效的 Photoshop 操作基本都是左手摸着键盘，右手按着鼠标，很快就完成了一个作品，简直令人叹为观止，常用的快捷键一览表如表 3-2 所示。

表 3-2　　　　　　　　　　　　　　　网页效果图设计常用快捷键一览表

快捷键	功能与作用	快捷键	功能与作用
Ctrl+N	新建图形文件	Tab	隐藏所有面板
Ctrl+O	打开已有的图像	Shift+Tab	隐藏其他面板（除工具栏）
Ctrl+W	关闭当前图像	D	默认前景色和背景色
Ctrl+A	全部选择	X	切换前景色和背景色
Ctrl+D	取消选区	F	标准屏幕模式、带有菜单栏的全屏模式、全屏模式的切换
Ctrl+Shift+I	反向选择	Ctrl++	放大视图
Ctrl+S	保存当前图像	Ctrl+-	缩小视图
Ctrl+ X	剪切选取的图像或路径	Ctrl+0	满画布显示
Ctrl+ C	复制选取的图像或路径	Ctrl+L	调整色阶
Ctrl+V	将剪贴板的内容粘到当前图形中	Ctrl+M	打开曲线调整对话框
Ctrl+ K	打开"首选项"对话框	Ctrl+U	打开"色相/饱和度"对话框
Ctrl+Z	还原/重做前一步操作	Ctrl+Shift+U	去色
Ctrl+Alt+ Z	还原两步以上操作	Ctrl+I	反相
Ctrl+ Shift + Z	重做两步以上操作	Ctrl+J	通过复制建立一个图层
Ctrl+T	自由变换	Ctrl+E	向下合并或合并联接图层
Ctrl+Shift+Alt+T	再次变换复制的像素数据并建立一个副本	Ctrl+[	将当前层下移一层
Del	删除选框中的图案或选取的路径	Ctrl+]	将当前层上移一层
Ctrl+ Del	用背景色填充选区	Alt+ Del	用前景色填充选区

3.5　实例 1：书法家庄辉主页效果图设计

3.5.1　实例制作过程

（1）启动 Photoshop 软件，然后执行"文件"→"新建"命令，创建"书法家庄辉个人网站主页效果图.psd"文件，宽度：984 像素，高度：600 像素，分辨率：72 像素/英寸，颜色模式：RGB 颜色，背景内容：白色。

（2）在背景层中，从工具箱中选择"渐变工具" ![图标]，取前景色为#b27516（十六进制的 RGB 表示法），背景色#c9ac78，接着在选项栏中选取渐变填充（对称渐变![图标]），拖曳鼠标后形成渐变的背景图像（如图 3-31 中的背景）。

（3）打开图片"书法 1.jpg"，然后对其执行"图像"→"调整"→"反相"命令，最后将其拖曳入效果图，设置层名为"书法"，设置混合模式为：柔光，不透明度为 24%（图 3-44b 所示），采用同样的方法将"国画.jpg"进行类似的操作，调整图层的大小与位置后的效果如图 3-45 所示。

  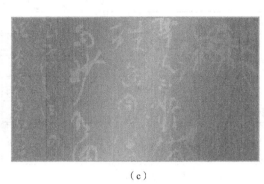

（a） （b） （c）

图 3-45　背景图片与书法国画混合后的效果图

（a）书法图片　（b）国画图片　（c）调整图层后的效果

（4）打开图片"墨迹.jpg"，使用魔术棒工具![图标]，选择白色区域，然后执行"选择"→"反向"命令（<Ctrl>+<Shift>+<I>组合键），选取墨迹将其复制并粘贴到效果图中；打开图片"毛笔.jpg"，同样的方法选取图中的毛笔图像，同样将其复制并粘贴到效果图中，调整好毛笔与墨迹的位置，墨迹与毛笔图层合成的效果如图 3-46 所示，将毛笔图层设置图层样式，设置投影效果增加立体感，具体参数是：不透明度：44%，角度：90，距离：8 像素，大小：2 像素，放入效果图中的效果如图 3-47 所示。

图 3-46　毛笔与墨迹混组合效果　　　　图 3-47　毛笔与墨迹混组合后在效果图中的效果

（5）打开图片"无名山人.jpg"，使用魔术棒工具![图标]，选择黑色字体局部区域，例如选中"山"字，然后执行"选择"→"选取相似"命令选中"无名山人作品集"的题字的黑色区域（如图 3-48 所示），复制黑色区域，粘贴到效果图中，最后将"无名山人作品集"文字图层执行"描边"图层样式（颜色：白色，大小：3 像素），效果如图 3-49 所示。

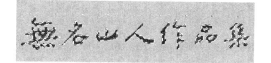

图 3-48　"无名山人作品集"选区

图 3-49　"无名山人作品集"放入效果图中的效果

（6）打开图片"庄辉原图.jpg"，由于照片曝光不足，所以照片的亮度不够，人物不够清晰，执行"图像"→"调整"→"色阶"命令，在"色阶"对话框中调亮照片，然后使用"多边型套索工具"将照片中人物选取出来（如图 3-50 所示），复制并粘贴到效果图中，调整人物的大小与位置，最后设置人物的图层样式：外发光效果（不透明度 50%，颜色：白色渐变为透明，扩展：14%，大小：21 像素），如图 3-51 所示。

（7）新建一个图层，选择"椭圆套索工具"，设置工具属性（样式：固定大小，宽度：10 像素，高度：10 像素），然后在新图层中选择四个选区并对其填充为红色，分别给每个小红点设置外发光效果（与人物发光相似），最后添加"个人简介"、"书法作品"、"国画作品"、"联系方式"文字（字体：方正大黑简体，大小：18 点，颜色：白色），并对文字添加描边效果，如图 3-52 所示。

图 3-50　人物照片选区

图 3-51　人物照片放入效果图中的效果

（8）打开"落款.psd"与"印章.jpg"照片分别将它们复制到效果图中，并将其大小进行调整，整个效果图完成，如图 3-53 所示。

图 3-52　添加文字与点缀的效果

图 3-53　添加落款与印章后的效果

3.5.2　实例拓展 1：企业 Logo 的制作

以淮信科技 Logo 的设计为例，具体的实施步骤如下。

（1）启动 Photoshop 软件，然后执行"文件"→"新建"命令，创建"淮信科技 Logo.psd"文件，宽度：230 像素，高度：100 像素，分辨率：72 像素/英寸，颜色模式：RGB 颜色，背景内容：白色。

（2）执行"编辑"→"首选项"→"单位与标尺"命令，修改标尺的单位为像素，执行"编辑"→"首选项"→"参考线、网格、切片和计数"命令，将网格线间距修改为 20 像素），执行"视图"→"标尺"命令显示标尺，执行"视图"→"显示"→"网格"命令显示网格，最后执行"视图"→"新参考线"命令，会弹出"新建参考线"对话框（如图 3-54 所示），依次新建两条水平参考线（20px，80px）与两条垂直参考线(10px，220px)，新建完成后效果如图 3-55 所示。

图 3-54　新建参考线对话框

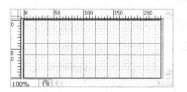

图 3-55　网格标尺定位显示

（3）新建一个图层，放大图像然后使用"多边型套索工具"，依次选区坐标 1（10，20）、坐标 2（25，20）、坐标 3（30，50）、坐标 4（25，80）、坐标 5（10，80）、坐标 6（15，50）形成闭合选区，如图 3-56 所示，最后设置前景色为蓝色（RGB 值为 15，40，140），并填充到选区中，如图 3-57 所示。

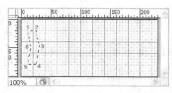

图 3-56　绘制不规则选区

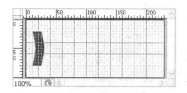

图 3-57　填充选区

（4）复制图层 1 命名为图层 2，然后执行"编辑"→"自由变换"命令，在变换区域内单击鼠标右键执行"水平翻转"命令，最后将图层 2 向右移动 25 像素，如图 3-58 所示。

（5）新建图层 3，选择"椭圆套索工具"，设置属性中的样式为固定大小，宽 20 像素，高 20 像素，绘制选区后填充为红色（RGB 值为：255，0，0），用方向键调整其位置在图层 1 与图层 2 中间，如图 3-59 所示。

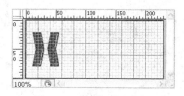

图 3-58　绘制不规则选区

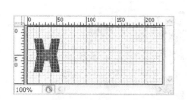

图 3-59　填充选区

（6）使用文本工具输入"准信科技"，设置字体为"方正大黑简体"，36 点，蓝色，点击字符段落标记，设置字符间距为 100（如图 3-60 所示），文字效果如图 3-61 所示。

图 3-60　设置字符间距

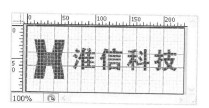

图 3-61　添加文字后的效果

（7）采用同样的方法输入文本"Huaixin Science and Technology"，字体：Arial Black，大小：8 点，颜色：蓝色（RGB 值为 15，40，140），如图 3-62 所示。

（8）新建图层 4，使用铅笔工具绘制一条线，调整位置放在中文与英文之间，如图 3-63 所示（隐藏网格与辅助线后的效果）。

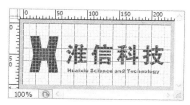

图 3-62　添加英文文字

图 3-63　添加横线的效果

（9）对图层添加图层样式。鼠标选中"准信科技"文本层，鼠标点击"添加图层样式"按钮，选择"斜面与浮雕"效果，设置如图 3-64 所示。

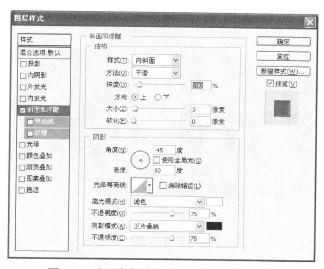

图 3-64　为"准信科技"设置"斜面与浮雕"

（10）在图层面板中，选中"准信科技"文本层，然后把鼠标放在效果上点击鼠标右键，执行"拷贝图层样式"命令，然后选中图层 1，鼠标右键单击执行"粘贴图层样式"命令，依次对图层 2、图层 3 组同样的操作，最后给图层 3 添加"描边"效果（如图 3-65 所示）。

图 3-65　图层 3 的描边效果设置

（11）调整各个图层的位置，淮信科技 Logo 就完成了，效果图如图 3-66 所示。

图 3-66　淮信科技 Logo 效果展示

3.5.3　实例拓展 2：网页效果图切片

在 Photoshop CS5 中将网页效果图制作完成后，就可以将其切片保存为网页文档了。效果图的切片步骤如下。

（1）打开庄辉网站主页效果图，选择"切刀工具" ，然后将鼠标移动到效果图中，按住鼠标左键从"个人简介"的左上角拖曳到右下角，释放鼠标左键即可完成一个简单的切片，如图 3-67 所示。

（2）采用同样的方法，依次对"书法作品"、"国画作品"、"联系我们"进行切片，如图 3-68 所示。

图 3-67　对"个人简介"切图（共 5 个切片）　　　　图 3-68　整个网页的切图（共 15 个切片）

切图还可以执行"锁定切片"与"清除切片"命令，大家可自行练习。

（3）切片导出的方法。

在确定完成切片后，即可将切片导出。切片导出的方法是：执行"文件"→"存储为 Web 和设备所用格式"命令，在打开的"存储为 Web 和设备所用格式"对话框中，可对导出的切片进行设置，以图 3-69 为例，切片导出对话框，最后选择保存路径（例如桌面）点击"保存"按钮即可，如图 3-70 所示（保存名为 index，保存类型：HTML 和 Images）。

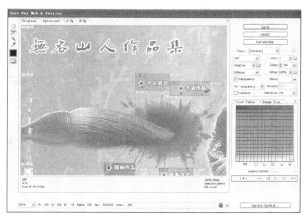
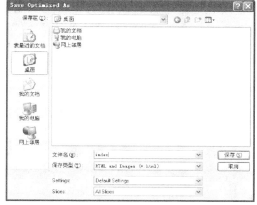

图 3-69 "存储为 Web 和设备所用格式"对话框   图 3-70 "切片保存"对话框

这样效果图的切片与切片的导出就完成了，回到桌面即可看到桌面上多了一个"index.html"文件和"Images"文件夹。用鼠标双击"index.html"文件即可浏览。

3.6 Photoshop 高级应用

3.6.1 通道的概念与使用技巧

在 Photoshop 中通道被用来存放图像的颜色信息以及自定义的选区，不仅可以使用通道得到非常特殊的选区，以辅助制作效果图，还可以通过改变通道中存放的颜色信息来调整图像的色调。无论是新建文件、打开文件或扫描文件，当一个图像文件被调入 Photoshop 后，Photoshop 就将为其建立图像固有的颜色通道或称原色通道，原色通道的数目取决于图像的色彩模式。如图 3-71 所示，RGB 模式的图像 3 个原色通道与一个复合通道。

（a）   （b）

图 3-71 图像及通道

（a）图像 （b）通道面板

通道分为颜色通道、专色通道、Alpha 通道、临时通道。

颜色通道：颜色通道主要用于保存图像的颜色信息，例如：单色通道中的灰色图像越白表示这种单色越多，越黑表示这种单色越少。

专色通道：用于印刷以弥补四色印刷的缺点。

Alpha 通道：Alpha 通道是在实践操作中用的最多的一类通道，这类通道的意义在于为用户提供了一个以编辑图像的方法创建新的选区的手段。Alpha 通道中的白色区域为图像中的选区。

临时通道：临时通道用于图层蒙版的工作状态时暂存的通道，当脱离工作状态后，这些通道就会消失。

使用通道抠取水珠的方法如下。

（1）打开素材文件夹中的"水珠.jpg"文件（如图 3-72a），切换至"通道"调板，分别浏览"红"、"绿"、"蓝" 3 个通道，找出一个水珠与背景对比度最高的通道，对比后可以看出红色通道比较符合上述条件。复制"红"色通道得到"红 副本"（如图 3-72b）。

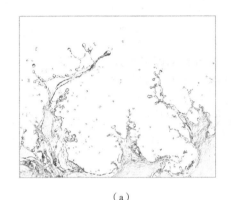
（a）

（b）

图 3-72 "水珠"素材图像及通道

（a）图像 （b）通道面板

（2）选择"红 副本"通道，执行"图像"→"调整"→"反相"命令（<Ctrl>+<I>组合键），得到如图 3-73 所示。

（3）按<Ctrl>键单击通道"红 副本"的缩略图以调出其存贮的选区（白色区域），按<Ctrl>+<C>组合键执行选区复制操作。打开素材文件夹中的"绿色城市.jpg"文件（如图 3-74），按<Ctrl>+<V>组合键执行选区通道的粘贴操作，效果如图 3-75 所示。

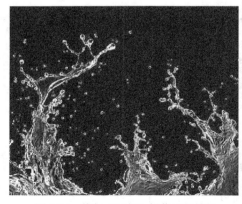

图 3-73 执行"反相"操作后的效果

图 3-74 "绿色城市.jpg"图片

（4）打开素材文件夹中的"汽车.psd"文件，将"汽车"图层拖入图 3-75，调整图层后的效果如图 3-76 所示。

图 3-75　添加水珠后的效果

图 3-76　最终效果

3.6.2　蒙板的概念与使用技巧

蒙版是一种遮盖工具，就像是在图像上用来保护图像的一种"膜"，可以分离和保护图像的局部区域。换句话说，蒙版是与图层捆绑在一起、用于控制图层中图像的显示与隐藏，在此蒙版中装载的全部为灰度图像，并以蒙版中的黑、白图像来控制图层缩略图中图像的隐藏或显示。图层蒙版的最大优点是在显示与隐藏图像时，所有的操作均在蒙版中进行，不会影响图层中的像素。

需要注意的是，蒙版只能在图层上新建，在背景层上是无法建立图层蒙版的。大家打开一幅图像，激活图层 2，然后单击图层面板下方的"添加矢量蒙版"按钮，就可以新建一个蒙版。此时的图层面板如图 3-77 所示，其中各项含义如下。

蒙版和图层的链接：表明蒙版和该图层处于链接状态。处于链接状态时，可以同时移动或者复制该图层及其蒙版。如果单击图标，可取消链接，这时只能单独移动图层或蒙版。

添加矢量蒙版按钮：单击此按钮，即可给当前图层添加一个新的矢量蒙版。

图层蒙版缩略图：浏览缩略图，可以随时查看或编辑蒙版。

蒙版的应用实例如下所示。

（1）首先执行"文件"→"打开"命令，打开两幅素材图像，如图 3-78 和图 3-79 所示。

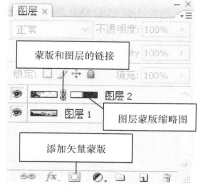
图 3-77　图层蒙版后的图层面板图

图 3-78　素材 1 "亭子.jpg"

图 3-79　素材 2 "全景.jpg"

（2）使用"移动工具"🖑将素材 1 拖至素材 2，调整大小与位置后效果如图 3-80 所示。

图 3-80　图像简单组合

（3）单击"图层面板"上的"添加图层蒙版"按钮◻，为上面图层创建图层蒙版，如图 3-81 所示。

（4）在工具箱中将"前景色"设置为"黑色"，然后选择"渐变工具"▬，在蒙版图层上填充渐变。蒙版如图 3-82 所示，最终效果如图 3-83 所示。

图 3-81　添加图层蒙版图

图 3-82　蒙版缩略图

图 3-83　用蒙版隐藏区域中的图像

在上面的例子中间不难发现，图层蒙版中填充黑色的地方是让图层图像完全隐藏的部分；填充白色的地方是让图层完全显示的部分；从黑色到白色过渡的"灰色区域"则是让图层处于半透明效果，这是使用图层蒙版的一个重要规则。

3.6.3　路径的概念与使用技巧

路径这个概念相对比较容易理解，所谓路径，在屏幕上表现为一些不可打印的、不活动的矢量形状，可以通过路径进行描边或填充等操作来获得图形。可以使用前景色描画路径，从而在图像或图层上创建一个永久的效果；但路径通常被用作选择的基础，它可以进行精确定位和调整；路径比较适用于不规则的、难以使用其他工具进行选择的区域。

　　路径由一个或多个直线段和曲线段组成。"锚点"标记是路径段的端点。在曲线段上，每个选中的锚点显示一条或两条"方向线"，方向线以方向点结束。方向线和方向点的位置决定曲线段的大小和形状。移动这些元素将改变路径中曲线的形状，如图 3-84 所示。

　　路径可以是闭合的，没有起点和终点（例如圆形），也可以是开放的，有明显的起点和终点（例如波浪线）。平滑曲线由名为平滑点的锚点连接，锐化曲线路径由角点连接，如图 3-85 所示。

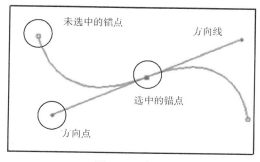

图 3-84　路径

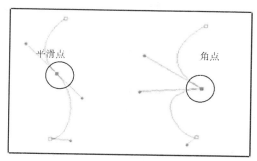

图 3-85　平滑点和角点

　　当在平滑点上移动方向线时，将同时调整平滑点两侧的曲线段。相比之下，当在角点上移动方向线时，只调整与方向线同侧的曲线段，如图 3-86 所示。

　　Photoshop 提供了 5 种路径绘制和修改的工具，分别是"钢笔工具"、"自由钢笔工具"、"添加锚点工具"、"删除锚点工具"、"转换点工具"，它们在工具箱的同一个工具面板下，默认选中的工具是"钢笔工具"，如图 3-87 所示。

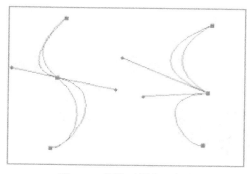

图 3-86　调整平滑点和角点

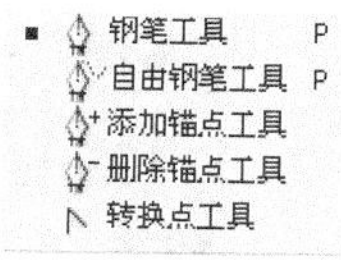

图 3-87　路径的绘制与修改工具

　　路径的创建主要是使用"钢笔工具"，在绘制路径之前，要在工具选项栏中选择绘图方式，如图 3-88 所示。

图 3-88　"钢笔工具"选项栏

　　"形状图层"，如果选择工具选项栏上的"形状工具"选项，将在新的图层上绘制矢量图形。"路径"，如果选择"路径"选项，绘制的将是路径。

"填充像素" □，如果选择"填充像素"选项，将在当前层绘制前景色填充的矢量图形。

由于要绘制的是路径，所以应该选择"路径" 选项。

钢笔工具选项栏还提供了"矩形工具" □、"圆角矩形工具" □、"椭圆形工具" ○、"多边形工具" ○、"直线形工具" ＼ 和"自定义形状工具" 等 6 类形状路径，可以利用它们快捷地绘制出各种形状路径。

如果选中"自动添加/删除"复选框，则可以方便地添加和删除锚点。

路径组合方式 与选区的运算方式相似。

同时路径可以与选区进行转换，路径可以描边，也可以填充色彩。

路径的绘制使用实例如下所示。

（1）启动 Photoshop 软件，然后执行"文件"→"新建"命令，创建"路径的绘制.psd"文件，宽度：778 像素，高度：224 像素，分辨率：72 像素/英寸，颜色模式：RGB 颜色，背景内容：白色。

（2）在图层面板中点击"创建新组按钮" □，命名组名为"背景"，在组内新建一个图层，默认名为图层 1。切换至"路径"面板，点击"新建路径"按钮，新建路径 1，然后使用钢笔工具，绘制如图 3-89 所示的路径。

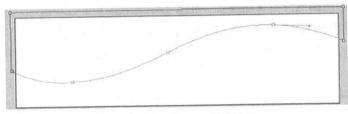

图 3-89　使用钢笔工具绘制路径

（3）设置前景色为科技蓝色（#0859ad），在"路径"面板中，点击"用前景色填充路径"按钮，此时"背景"组中图层 1 的路径区域被填充为蓝色，如图 3-90 所示的路径。

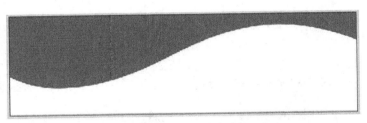

图 3-90　用前景色填充路径 1

（4）采用同第 2 步的方法，新建路径 2 并绘制路径 2 如图 3-91 所示。

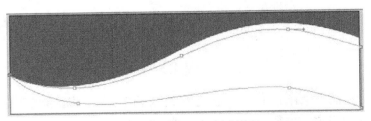

图 3-91　使用钢笔工具绘制路径 2

（5）设置前景色为橙色（#fc7803），在图层面板中新建一个图层（图层2），采用第3步的方法填充路径前景色，效果如图3-92所示。

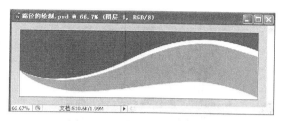

图3-92 用前景色填充路径2

（6）复制路径2得到"路径2 副本"的新路径，然后使用路径"直接选择工具" ，调整路径如图3-93所示的形状。

路径选择工具 主要功能是选择整个路径。

直接选择工具 主要功能是对路径内的各个节点进行调整控制使用。

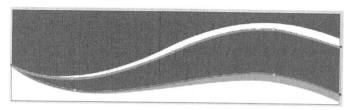

图3-93 调整路径2副本的形状

（7）在"背景"组中新建一个图层（图层3），设置前景色为科技蓝色（#0859ad），执行第3步同样的操作给路径填充前景，在此设置前景色为橙色（#fc7803），使用"用画笔描边路经" （设置画笔的大小为3像素，硬度为100%），路径描边后如图3-94所示。

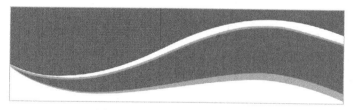

图3-94 调整路径2副本的形状

3.7 实例2：书法家庄辉模板页效果图设计

3.7.1 实例实施过程

书法家庄辉个人网站模板页效果图设计与制作根据初步的设计，制作步骤如下。

（1）启动 Photoshop 软件，新建"书法家庄辉个人网站模板效果图.psd"文件，宽度和高度为996像素，分辨率：72像素/英寸，颜色模式：RGB颜色，背景颜色填充为褐色（#6d4418）。

（2）执行"视图"→"标尺"命令显示标尺（<Ctrl>+<R>组合键），然后执行"视图"→"新参考线"命令，在弹出"新建参考线"对话框中分别添加水平（65px，250px，896px）和垂直（160px）的四条参考线，如图 3-95 所示。

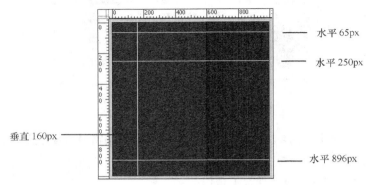

图 3-95　参考线的设置

（3）打开图片"无名山人.tif"文件，执行"图像"→"调整"→"反相"命令（<Ctrl>+<I>组合键），使用"移动工具"将"无名山人.tif"图像拖曳至效果图中，执行"编辑"→"自由变换"命令（<Ctrl>+<T>组合键）调整"无名山人作品集"大小和位置使其放在效果图的左上角。

（4）新建一个图层命名为"褐色背景"，设置前景色为褐色（c99011），使用"矩形选框工具"选择第 1 条和第 2 条水平参考线中的矩形区域，使用<Alt>+<Del>组合键填充前景色，效果如图 3-96 所示。

图 3-96　添加 Logo 和填充区域褐色

（5）打开图片"夕阳.tif"文件，使用"移动工具"将"夕阳.tif"图像拖曳至效果图中，执行"编辑"→"自由变换"命令（<Ctrl>+<T>组合键）调整"夕阳"图片大小和位置，调整图层"夕阳"在"褐色背景"图层之上，把鼠标放在图层"夕阳"与图层"褐色背景"之间，鼠标会变成形状，然后点击鼠标左键完成图层的剪贴蒙版技术，效果如图 3-97（b）所示。

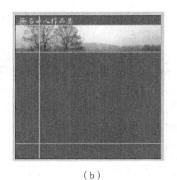

（a）　　　　　　　　　　（b）

图 3-97　应用剪贴蒙版技术控制图像的显示区域

（a）图层"夕阳"在"褐色背景"图层之上效果　（b）应用剪贴蒙版技术后的效果

（6）将"松树.jpg"执行同样的操作，如图 3-98 所示（松树在夕阳之上）。

图 3-98　对"松树"应用剪贴蒙版技术后的效果

（7）选择"松树"图层，设置该图层的混合模式为"变暗"模式，在图层面板点击"添加图层蒙版"按钮，按键盘上的<D>键恢复前景的黑色与背景的白色，使用画笔工具（采用柔角画笔，大小稍大些如 300px）设置蒙版效果，如图 3-99 中（a）和（b）所示，选择"夕阳"图层，在图层面板点击"添加图层蒙版"按钮，使用画笔工具设置蒙版效果，如图 3-99 中（c）和（d）所示，整个设置完成后的效果如图 3-99 中（e）所示，（f）图为是设置完成后图层之间的关系。

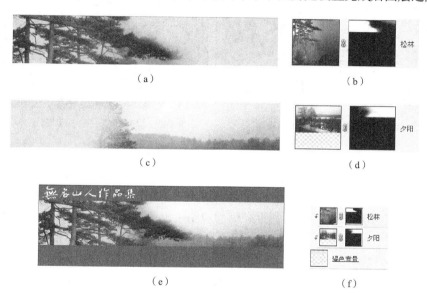

（a）　　　　　　　　　　（b）

（c）　　　　　　　　　　（d）

（e）　　　　　　　　　　（f）

图 3-99　"松树"与"夕阳"图层置混合模式与蒙版的设置

（a）"松树"图层设置混合模式与蒙版后的效果　（b）"松树"图层与蒙版的关系

（c）"夕阳"图层设置混合模式与蒙版后的效果　（d）"夕阳"图层与蒙版的关系

（e）"松树"与"夕阳"图层置混合模式与蒙版设置后的图像效果（f）各图层之间的关系

（8）使用"横排文本工具"T 输入"中国书法家协会会员"（字体：方正大黑简体，大小：36点），同时对"中国书法家协会会员"图层设置描边效果（颜色为白色，粗细为 3 像素），设置完成后的效果如图 3-100 所示。

图 3-100　添加"中国书法家协会会员"文字并设置描边效果

（9）设置前景色为浅褐色（#edd15e），添加一个新层并命名为"布局线"，执行"选择"→"全选"命令完成全部选择，然后执行"编辑"→"描边"命令，用前景色进行描边，大小为 1 像素。使用"单行选框工具"，按住<Shift>键，参照参考线（图 3-97）依次选取横向的 3 条横向选区，调整使用"单列选框工具" ，仍然按住<Shift>键，沿着纵向的辅助线继续选择单列选区，如图 3-101 所示，松开<Shift>键，按<Alt>+<Del>组合键来填充选区，然后用橡皮（或其他方法也可以）删除纵向的 0～250 以及 896～996 之间的线段，如图 3-102 所示。

图 3-101　选择横向和纵向的单线选区　　　图 3-102　填充颜色后的"布局线"层的效果

（10）在左侧导航区使用"横排文本工具"**T**输入"网站首页　个人简介　书法作品　国画作品　楷书作品　篆书作品　草书作品　行草作品　扇面作品　联系方式"（颜色：白色，字体：方正大黑简体，大小：14 点，在后期编辑一般采用宋体），调整位置后如图 3-103 所示。

（11）新建一个图层，命名为"方框"，然后使用"矩形选框工具" 选取一个宽 4 像素，高 4 像素的正方形选区（样式为：固定大小，宽 4 像素，高 4 像素），然后填充为白色。调整方框图层的位置在"网站首页"正前方，在图层面板，使用鼠标左键将方框拖曳至"新建图层"按钮 即可完成一个方框的复制，共复制 9 个方框，将最后复制的方框放在"联系方式"正前方，按住<Shift>选择"方框"到"方框 副本 9"，在图层面板点击"连接图层"按钮 完成图层"方框"到"方框 副本 9"的连接，使用使用"移动工具" ，在属性状态栏中点击"左对齐"按钮 和"垂直居中分布"按钮 后 10 个小方框就整齐地布局在导航文字的前方，如图 3-104 所示。

图 3-103　添加导航文字的效果　　　图 3-104　给导航文字添加小方框符号

（12）新建一个图层，命名为"主标题"，然后在效果图右侧使用"矩形选框工具" 选取一个宽 9 像素，高 35 像素的正方形选区（样式为：固定大小，宽 9 像素，高 35 像素），然后填充为浅褐色（#edd15e），使用铅笔工具在小矩形下方划一条浅褐色（#edd15e）的横线，最后添加文本"草书作品"（与导航相同），效果如图 3-105 所示。

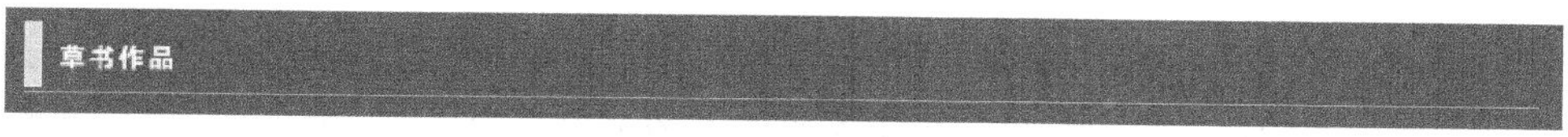

草书作品

图 3-105　添加"主标题"的简单效果

（13）打开图片"竹兰生意气.jpg"文件（如图 3-106，图像宽和高都为 440 像素），首先执行"选择"→"全选"命令（<Ctrl>+<A>组合键）完成全部选择，然后执行"编辑"→"描边"命令，将前景色设置为#6d4418，位置设置为内部，大小为 2 像素。执行"图像"→"画布大小"，修改画布大小为宽和高都为 480 像素，完成后按<Ctrl>+<A>组合键执行全选命令，然后执行"选择"→"修改"→"收缩"命令，收缩量为 2 像素，最后再次执行"编辑"→"描边"命令，位置设置为居中，大小为 1 像素，效果如图 3-107 所示。

（14）使用"移动工具" 将修改后的"竹兰生意气.jpg"图像拖曳至效果图中，调整图像位置，最后添加文本"草书 蔡树农诗句 竹兰生意气"，同时也在效果图的页脚处添加版权信息与联系方式文本，效果图完成如图 3-108 所示。

图 3-106　素材"竹兰生意气.jpg"原文件

图 3-107　修改后的"竹兰生意气.jpg"效果

图 3-108　书法家庄辉个人网站模板效果图效果展示

3.7.2　实例拓展：线的制作与使用技巧

网页布局中线的制作方法：画笔工具和铅笔工具可在图像上绘制当前前景色的线条。画笔工具创建虚线或柔边缘线条，铅笔工具创建硬边直线，具体实现方法如下。

（1）新建一个文档，选择"画笔工具"，然后从右边的调板中打开"画笔"调板，选择"画笔笔尖形状"设置间距为 300%或 400%

（2）使用"画笔工具"在刚建的文档沿着横向画线（可按住<Shift>键），即可得到想要的虚线，如果需要画出不同的颜色只需调整前景色即可，如图 3-109 所示。

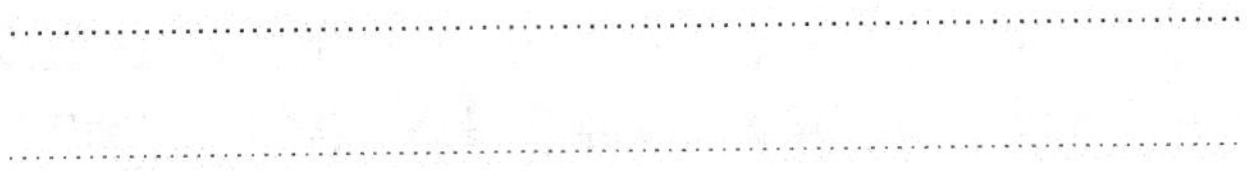

图 3-109　"画笔工具"画的虚线

3.8 习题

1．基础简答题

（1）Photoshop 软件的界面有那几部分组成？

（2）Photoshop 中常用的选取方式有哪些，有哪些工具？

（3）通过日常生活谈一下红色、橙色、绿色、蓝色、紫色、黄色等的抽象表现。

2．项目实战题

参考国家精品课程"矿山测量精品课程"的界面，设计"电子信息工程技术专业建设网"网站的效果图，需要建设以下栏目：专业介绍、专业设置、人才培养模式、课程体系改革、校企合作、师资队伍、实践条件、教学管理、课程建设、人才培养质量、建设成果等。效果参考如图 3-110所示。

图 3-110　"电子信息工程技术专业"网站的效果图

第4章

Dreamweaver 创建基本网页

4.1　Dreamweaver CS5 入门

Dreamweaver 的最新版本是 Adobe Dreamweaver CS5。利用 Dreamweaver CS5 的可视化编辑功能，用户可以轻松地完成设计、开发和维护网站的全过程。Dreamweaver CS5 不仅提供了直观的可视布局界面，而且具备强大的编码工具。Dreamweaver CS5 成功地整合了所见即所得的编辑方式和动态网站开发功能，用户可以使用服务器语言（如 ASP、ASP.NET、ColdFusion 标记语言、JSP 和 PHP）生成支持动态数据库的 Web 应用程序，使用 Ajax 的 Spry 框架进行动态用户界面的可视化设计、开发和部署。

4.1.1　Dreamweaver CS5 工作环境

1．Dreamweaver CS5 的启动

安装好 Dreamweaver CS5 后，选择"开始"→"程序"→"Adobe Dreamweaver CS5"。Dreamweaver CS5 进行一系列初始化过程后，首先显示"工作区设置"对话框，由于要采用可视化方式设计网页，选中"设计者"单按钮、单击"确定"按钮。接下来显示起始页，如图 4-1 所示。在起始页中可以选择"打开最近的项目"、"新建"或"主要功能"。

如果要创建新的静态网页，选择"新建"项目中的"HTML"选项，这时将进入 Dreamweaver CS5 的主工作区。

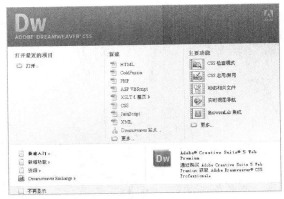

图 4-1　起始欢迎页面

2. Dreamweaver CS5 的主工作区

Dreamweaver CS5 的主工作区由"文档"工具栏、"文档"窗口、"属性"面板、和"组合"面板等部分组成，如图 4-2 所示。

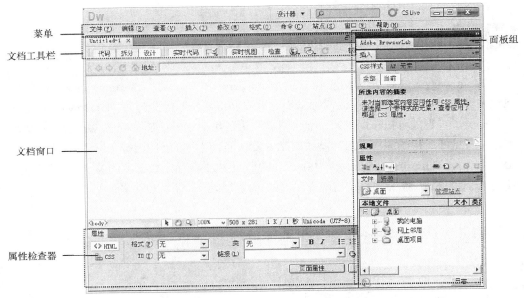

图 4-2　Dreamweaver CS5 的工作界面

（1）"文档"工具栏。

"文档"工具栏中的按钮使用户可以在文档的不同视图（代码视图、设计视图和拆分视图）间快速切换。"文档"工具栏中还包含一些与查看文档、在本地和远程站点间传输文档有关的常用命令和选项，如图 4-3 所示。

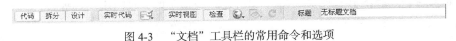

图 4-3　"文档"工具栏的常用命令和选项

大多数的网页设计和开发人员都需要花费大量的时间进行代码编写，Dreamweaver CS5 引入更好的代码编写方式，使得代码编辑器足够强大和灵活，能应对多种编程语言。Dreamweaver CS5

提供了大量的工具，不仅简化了编写代码的过程，同时也使得用户在 Dreamweaver CS5 工作环境中直接渲染浏览器成为可能。

Dreamweaver CS5 提供了很多方式供用户查看源代码。选择代码视图方式，可以在文档窗口中查看代码；选择拆分视图方式，可以在文档窗口中同时显示页面和相关代码。

代码视图仅在"文档"窗口中显示页面的代码，适合于代码的直接编写，如图 4-4 所示。

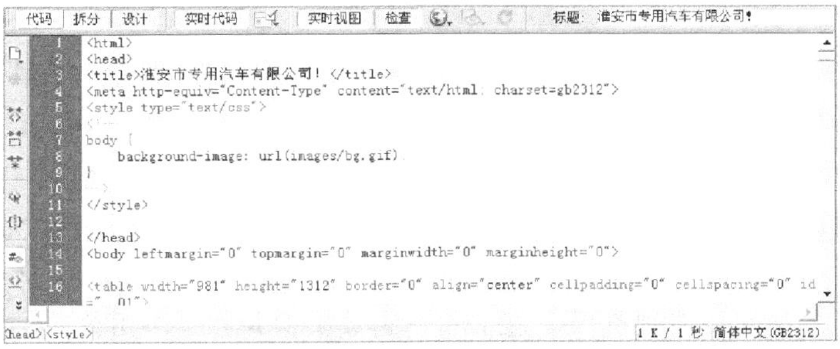

图 4-4　代码视图

拆分视图能够同时显示代码视图和设计视图，即在"文档"窗口的一部分中显示代码视图，而在另一部分显示设计视图，如图 4-5 所示。

图 4-5　水平拆分视图

将代码视图和设计视图水平分开的拆分方式，使得用户不能完全享受到双屏幕的优势。为了解决这个问题，Dreamweaver CS5 新增加了垂直地拆分代码视图和设计视图的拆分方式。

在水平拆分视图方式下、执行菜单"查看"→"垂直拆分"命令，即可将"文档"窗口的视图方式转换为垂直拆分视图，如图 4-6 所示。

图 4-6　垂直拆分视图

设计视图仅在"文档"窗口中显示页面的设计界面，如图 4-7 所示。

图 4-7　设计视图

在 Dreamweaver CS5 以前的版本中，没有提供直接的方式来预览页面在浏览器中的显示的效果。一般来说，用户只能先在浏览器中预览网页效果。如果预览效果达不到设计要求，再返回到 Dreamweaver 修改页面，这种频繁的切换浪费了设计人员大量的时间和精力。

当用户开始编辑所有和网页相关的文件时，一定希望看到网页文档执行后页面显示的内容，这个功能可以通过 Dreamweaver CS5 的实时视图方式来实现。用户可以在不离开 Dreamweaver 工作区的情况下，看到网页在浏览器中显示的真实效果，并且是不可修改的。这是一个很实用的功能，它保证了设计者一旦进入了实时视图方式，Dreamweaver 就不能以任何方式再改动用户的页面。

当用户激活了实时视图方式时，就能够实时地看到代码中 JavaScript 造成的页面变化，还可以定位到任何用了 CSS 样式名的元素上，这样就能准确地找到相关的代码，实时视图的效果如图 4-8 所示。

图 4-8　实时视图

（2）面板。

Dreamweaver 的 3 个重要功能分别是网页设计、代码编写和应用程序开发，相应的面板也是这样分类的。当然用户也可以根据自己的喜好来分配面板布局。Dreamweaver CS5 面板继承了以前各个版本的面板属性，同样可以方便拆除和拼接。

① 设计类面板组。

设计类面板组包括"CSS 样式"和"AP 元素"两个子面板，如图 4-9 所示。

"CSS 样式"面板用于 CSS 样式的应用编辑操作，利用面板右下角的各个功能按钮可以实现扩展、新增、编辑和删除样式等操作。

Dreamweaver CS5 中的 AP 元素是分配有绝对位置的 HTML 页面元素。具体地说，就是 DIV 或其他任何标签。使用"AP 元素"面板可以防止重叠、更改 AP 元素的可见性、嵌套或堆叠 AP 元素，以及选择一个或多个 AP 元素。

② 文件类面板组。

文件类面板组包括"文件"、"资源"和"代码片段"3 个子面板，如图 4-10 所示。

在"文件"面板中查看站点、文件或文件夹时，用户可以更改查看区域的大小，还可以展开或折叠"文件"面板。当"文件"面板折叠时，它以文件列表的形式显示本地站点，远程站点或测试服务器内容；当"文件"面板展开时，它显示本地站点和远程站点或者显示本地站点和测试服务器。"文件"面板还可以显示本地站点的视觉站点地图。

用户使用"资源"面板可以管理当前站点中的资源，"资源"面板显示与文档窗口中的活动文档相关联的站点的资源。

"代码片段"面板里有许多代码片段，分类也很清晰。这里收录了一些非常有用或者经常用到的代码片段，用户使用的时候可以非常方便地插入。

③ 应用程序类面板组。

应用程序类面板组包括"数据库"、"绑定"、"服务器行为"3 个子面板，如图 4-11 所示。使用这些子面板，可以连接数据库，读取记录集，从而为网站的开发及实现数据库操作等提供了强大的支持，使用户能够轻松地创建动态 Web 应用程序。

图 4-9　设计类面板组　　　图 4-10　文件类面板组　　　图 4-11　应用程序类面板组

Dreamweaver 支持多种服务器技术，具体包括 ASP.NET、ASP、JSP 和 PHP 等。

4.1.2　Dreamweaver CS5 的参数设置

在使用 Dreamweaver 之前，用户有必要对 Dreamweaver 的工作环境进行配置，使以后的设计工作更加有效和顺利。一般设置的参数有常规参数、新建文档参数和站点参数，这些都是开始创建站点、设计网页前需要考虑的因素。

1. "常规"参数设置

执行菜单"编辑"→"首选参数"命令，或者按<Ctrl>+<U>组合键，打开"首选参数"对话框。选择"分类"列表中的"常规"选项，对话框右侧显示出相关的属性。通常设置的属性有"文档选项"和一些"编辑选项"。

例如，用户如果需要启动 Dreamweaver 或没有打开任何文档时显示 Dreamweaver 的起始页时，选中"显示欢迎屏幕"复选框,如图 4-12 所示,重新启动 Dreamweaver 时就会显示起始页(图 4-1)。

在"常规"参数设置中的编辑选项中,有一个很重要的设置是"用<strong>和<em>代替<b>和<i>"。该选项指定 Dreamweaver 每当执行应用<b>标签(也称为标记)的操作时改为应用<strong>标签,每当执行应用<i>标签的操作时改为应用<em>标签。此类操作包括在"属性"面板中单击"粗体"或"斜体"按钮,以及执行菜单"格式"→"样式"→"粗体"命令或"格式"→"样式"→"斜体"命令。如果用户需要在文档中使用<b>和<i>标签,取消选择此选项即可。

2. "新建文档"参数设置

"新建文档"参数设置用于建立默认的新文档类型和首选参数。选择"分类"列表中的"新建文档"选项,对话框右侧显示出相关的属性,如图 4-13 所示。

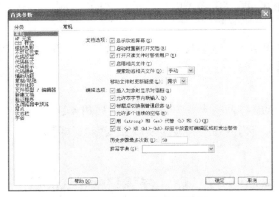

图 4-12 "常规"参数设置   图 4-13 "新建文档"参数设置

如果需要设置新文档参数,可以执行以下操作。

(1)设置默认文档类型。

如果需要设置要打开的默认文档类型,可以在"默认文档"下拉列表中选择在站点中创建的新页面所基于的文档。如果选择 HTML 作为默认文档,可以在"默认扩展名"文本框中为新建的 HTML 页面指定文件扩展名(.htm 或.html),HTML 页面默认的文件扩展名是.html。用户可以根据自己的习惯更改文件扩展名。例如,本书中将 HTML 页面默认的文件扩展名设置为.html,如图 4-13 所示。注意,其他文件类型禁用此选项。如果要使用的新页面符合 XHTML,可以从"默认文档类型"下拉列表中选择一种 XHTML 文档类型定义(DTD)。

(2)设置文档默认编码。

如果要设置文档编码,可以使用"默认编码"下拉列表。"默认编码"用于指定在创建新页面时使用的编码,以及指定在未指定任何编码情况下打开一个文档时需要使用的编码。如果选择 Unicode(UTF-8)作为文档编码,则不需要实体编码,因为 UTF-8 可以安全地表示所有字符。如果选择其他文档编码,则可能需要用实体编码来表示某些字符。

其他参数设置大家请自己学习。

4.2 制作简单网页

通常情况下制作网页的步骤如下。

（1）创建网站站点。

（2）新建与保存网页。

（3）页面属性设置。

（4）制作页面。

4.2.1　创建网站站点

站点可以看做是一系列文档的组合。这些文档之间通过各种链接关联起来，可能拥有相似的属性，如描述相关的主体、采用相似的设计或者实现相同的目的等，也可能只是毫无意义的链接。利用浏览器，就可以从一个文档跳转到另一个文档，实现对整个网站的浏览。

1.　本地站点和远程站点

严格地说，站点也是一种文档的磁盘组织形式，它同样是由文档和文档所在的文件夹组成。设计良好的网站通常具有科学的结构。利用不同的文件夹，将不同的网页内容分门别类地保存，这是设计网站的必要前提。结构良好的网站，不仅便于管理，也便于更新。

用户在 Internet 上所浏览的各种网站，归根到底，就是用浏览器打开存储于 Internet 服务器上的 HTML 文档及其他相关资源。基于 Internet 服务器的不可知特性，通常将存储于 Internet 服务器上的站点和相关文档称为远程站点。

利用 Dreamweaver 可以对位于 Internet 服务器上的站点文档直接进行编辑和管理，但有时会非常不便。一个重要的原因是，直接对位于 Internet 服务器上的文档和站点进行操作，必须始终保持同 Internet 的连接，这意味着会花费不必要的上网费用。用户可以在本地计算机中创建站点的框架，从整体上对站点全局进行把握。由于这时候没有同 Internet 连接，因此有充足的时间完成站点的设计，进行完善的测试。站点设计完毕，可以利用各种上传工具，将本地站点上传到 Internet 服务器上形成远程站点。

2.　建立本地站点

规划好站点结构后，应该先在 Dreamweaver 中定义站点，然后才能进行开发。

建立一个本地站点，定义站点名称和站点使用的本地根文件夹及默认的图像文件夹。

本实例定义站点的名称为 hazq，使用的本地文件夹为 C:\淮安市专用汽车制造公司网站\，默认的图像文件夹为 C:\淮安市专用汽车制造公司网站\images\。

站点定义的重点是定义站点名称、本地根文件夹和默认图像文件夹。

制作过程如下。

（1）打开"管理站点"对话框。

执行菜单"站点"→"管理站点"命令，打开"管理站点"对话框。单击"新建"按钮，选择"站点"命令，如图 4-14 所示。

（2）定义站点名称。

在弹出的站点定义对话框，如图 4-15 所示。在"站点名称"文本框中输入站点的名称，如"hazq"。该站点名称只是在 Dreamweaver 中的一个站点标识，因此也可以使用中文名称。

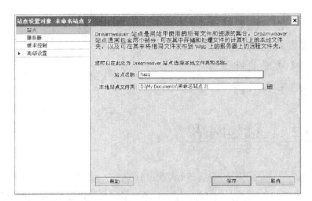

图 4-14 "管理站点"对话框　　　　　　　　图 4-15 "站点设置对象"对话框

（3）定义站点使用的本地文件夹。

单击"本地站点文件夹"文本框旁边的"浏览"按钮，在打开的"选择根文件夹"对话框中，定位到事先建立的站点文件夹（C:\淮安市专用汽车制造公司网站\），或者单击右上角的"新建文件夹"按钮创建一个新文件夹。打开并选定文件夹 Web 后，站点定义对话框中相应文本框的内容将自动更新。

（4）定义默认图像文件夹。

单击"高级设置"选项，然后单击"默认图像"文本框旁边的"浏览"按钮，在打开的"选择根文件夹"对话框中，定位到事先建立的站点文件夹（C:\淮安市专用汽车制造公司网站\images\），或者单击右上角的"新建文件夹"按钮创建一个新文件夹。打开并选定文件夹 Web 后，站点定义对话框中相应文本框的内容将自动更新。

（5）完成站点的定义。

其他选项保持不变，单击"确定"按钮，返回"管理站点"对话框。单击"完成"按钮，此时"文件"面板中出现新建的站点窗口，如图 4-16 所示，"文件"面板如图 4-17 所示。。

图 4-16 站点定义后的"管理站点"对话框　　　图 4-17 站点定义后的"文件"面板

除了站点名称可以使用中文名字外，其他诸如定义站点的文件夹、站点内的任何文件夹和栏目文件夹的命名都不要使用中文名字，因为 Dreamweaver 对中文文件名和文件夹的支持不是很好。用户可以使用文件或栏目名称的拼音，或者用文件或栏目名称的英文名称来命名文件或文件夹。

4.2.2　新建与保存网页

1．新建文档

Dreamweaver CS5 为创建新文档提供了若干选项，用户可以创建以下任意文档。

创建新的空白文档，可以执行以下操作。

（1）执行菜单"文件"→"新建"，即出现"新建文档"对话框，"空白页"选项已被选定。

（2）从"页面类型"列表中选择类型，对于基本页可选择"HTML"。如果有页面布局的需要，可以从右侧的"布局"列表中选择需要的布局，如图 4-18 所示。

（3）单击"创建"按钮，新文档在"文档"窗口中打开。

（4）保存该文档。

图 4-18　"新建文档"对话框

2．保存新文档

要保存新文档，可以执行以下操作。

（1）执行菜单"文件"→"保存命令"。

（2）在出现的对话框中，定位到要用来保存文件的文件夹。

（3）在"文件名称"文本框中，键入文件名。文件名和文件名中不要使用空格和特殊字符，文件名也不要以数字开头。例如，新建的网页命名为"myfirst.html"。

（4）单击"保存"按钮。

4.2.3　页面属性设置

当用户建立了一个本地站点后，就可以动手制作第一个网页了。在制作之前，首先了解网页页面属性的设置方法。

页面属性的设置包括页面的布局和格式设置。在"页面属性"对话框中，用户可以指定页面的默认字体系列和字体大小、背景颜色、边距、链接样式及页面设计的其他参数，页面属性是用来设置网页的整体效果。可以选择以下 4 种方式访问"页面属性"对话框。第一，用右键单击空白页面中的任何位置，然后选择"页面属性"。第二，转到"修改"菜单，选择选项"页面属性"命令。第三，在键盘上按<Ctl>+<J>组合键。第四，在网页"属性"检查器中点击"页面属性"按钮。"页面属性"对话框如图 4-19 所示。

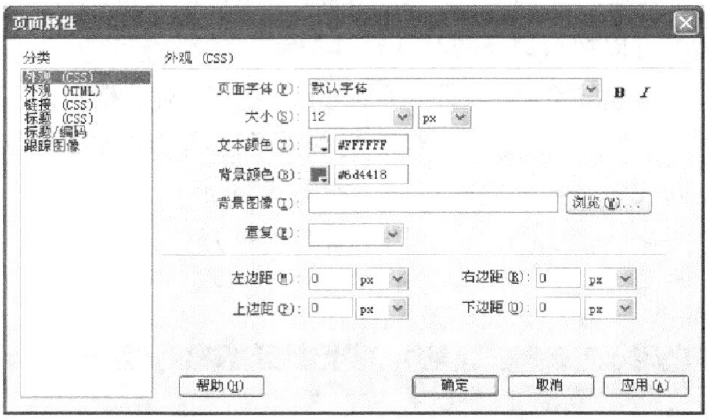

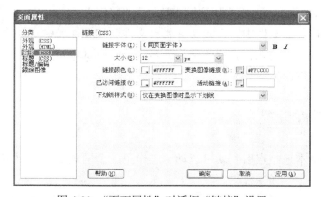

图 4-19 "页面属性"对话框"外观"设置

"页面属性"对话框包括页面的颜色、页面标题和背景图像等的设置选项，点击如图 4-19"分类栏"中的各个选项，可作如下设置。

背景图像：可以指定一个图像，将其平铺作为页面背景。

背景颜色：如果不想使用图像作为页面背景，则指定一种颜色即可。颜色选择器的优点是提供的颜色是网络安全色。

文本颜色：使用"文本颜色"可以选择页面的上使用的默认文本颜色。

链接：可设置超级链接的外观格式。

"应用"按钮：使用"应用"按钮可以更改页面设置。

图 4-19 中设置了文字大小为 12px，文本的颜色为白色（#FFFFFF），背景颜色为深褐色（#6d4418），网页的上边距、下边距、左边距、右边距都设置为 0px。

"页面属性"对话框中的"链接"分类的设置如图 4-20 所示。

图 4-20 中设置了文字大小为 12px，超级链接的链接文本颜色与已经访问的文本颜色为白色，变换图像链接时的颜色为浅黄色（#FFCC00），下划线样式设置为：仅在变换图像时显示下划线。

图 4-20 "页面属性"对话框"链接"设置

"页面属性"对话框中的"标题/编码"分类的设置如图 4-21 所示。

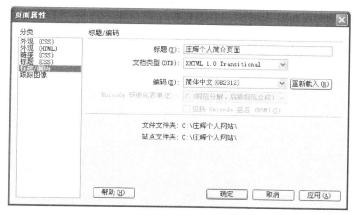

图 4-21　"页面属性"对话框"标题/编码"设置

图 4-21 中设置了网页的标题为：庄辉个人简介页面，编码为简体中文（GB2312）。

4.2.4　网页的基本排版

通过上面的讲述，介绍了页面属性的常用设置。在制作网页的过程中还必须掌握网页基本元素的相关知识。

在通常情况下，网页上一般都包含文本、日期、特殊符号及水平线等基本元素。

1．插入文本元素

编辑文本是最基本的网页制作技能，文字是人类文明的结晶，是网页传递信息的最基本的方式。编辑和设置内容丰富、格式美观的文本，既可以传达网站大量的信息，又可以激发浏览者的阅读兴趣。在 Dreamweaver 中可以输入普通文字，也可以输入特殊字符，设置字体大小，改变文本颜色等。

（1）文本的输入。

在网页中添加文本就如同在 Word 文档中输入文本一样简单。在"文档"窗口（如图 4-2 所示）中单击鼠标左键，将出现一个闪烁的光标，这时便可以输入要添加的文本。还可以从其他应用程序（例如记事本）中复制文本粘贴到该窗口中，以及从 Access 或 Excel 等应用程序中导入文本。下面讨论这两种添加文本的方法。

（2）复制和粘贴文本。

可以将 Word 文档中的文本复制并粘贴到 Dreamweaver 文档中。步骤如下所示。

① 打开要从中复制文本的 Word 文档。

② 从 Word 文档中复制该文本。

③ 打开要粘贴已经复制的文本的网页。

（3）从 Word 文档中导入 HTML，粘贴到所需位置即可。

当 Word 文档内容较多时，可直接导入到 HTML。要在 Dreamweaver 中导入 Word 文档，首先请切换为"设计"视图，导入步骤如下所示。

① 执行 "文件" → "导入" → "Word 文档" 命令。

② 选择要导入的 Word 文档，单击 "打开" 按钮。

③ 导入后保存文件即可。

在直接输入文本的时候文本是可以自动换行的，如果需要重新开始一段时，按<Enter>键即可。如果需要缩小段落间距，则可以按<Shift>+<Enter>组合键，如图 4-22 所示。

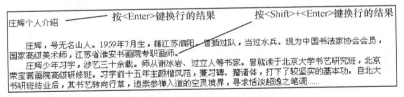

图 4-22　在新页面中输入文本

根据中文的输入习惯，每个段落开始之前应该空出两格。要在 Dreamweaver 中直接输入空格，可以单击输入法状态条，将半角输入方式改为全角。也可以执行 "编辑" → "首选参数" 命令，然后修改 "常规" 分类下的 "允许多个连续的空格" 复选框勾选即可。

（4）设置文本属性字体。

在 Dreamweaver 中可以很方便地设置文本的大小、颜色和样式等格式，使用文本的属性面板可以改变大部分格式，而且全部选项都包含于 "文本" 菜单命令中。

选择输入文本后，文本的属性如图 4-23 所示。

图 4-23　文本属性

图 4-23 中常规设置主要设置：12 pixels 用来设置文本的大小、□ 用来表示文本的颜色，≡ ≡ ≡ ≡ 用来表示文本的对齐方式。

2. 网页其他元素

（1）特殊符号。

通常在网页编辑中，特殊字符一般不能从键盘直接输入。在 Dreamweaver 中如果要输入特殊字符，可以执行 "插入" → "HTML" → "特殊字符" → "其他字符" 命令，然后会弹出如图 4-24 所示的 "插入其他字符" 对话框。

（2）日期。

Dreamweaver 提供了一个方便的日期对象，该对象用户可以用任何喜欢的格式插入当前日期，还可以选择在每次保存文件时自动更新该日期。

将插入点放置到要插入日期的位置，执行菜单 "插入" → "日期" 命令，弹出 "插入日期" 对话框，选

图 4-24　插入 "特殊字符" 对话框

择一种日期格式，单击"确定"按钮完成日期的插入。

（3）水平线。

水平线对于组织信息很有用。在页面上，可以使用一条或多条水平线以可视方式分隔文本和对象。

将光标放到要插入水平线的位置，执行菜单"插入"→"HTML"→"水平线"命令即可插入一条默认宽度和粗细的水平线。

4.2.5　插入图像

Web 上常用的图像格式包括 GIF、JPEG 和 PNG3 种。Dreamweaver 能够使用 GIF、JPEG、PNG格式打开或预览任何图像。使用 Dreamweaver 将一个图像插入到网页中有以下 3 种方法。

➢　在"插入"面板的"常用"类别中单击"图像"按钮。

➢　执行菜单"插入"→"图像"命令。

➢　使用<Ctrl>+<Alt>+<I>组合键。

将图像插入 Dreamweaver 文档时，HTML 源代码中会产生对该图像文件的引用。为了确保此引用的正确性，该图像文件必须位于当前站点中。如果图像文件不在当前站点中，Dreamweaver会提示是否要将此文件复制到当前站点中。

图像插入到网页后，可以选中图像，在"属性"面板中设置图像的属性，"属性"面板如图4-25 所示。

图 4-25　插入"图像"后的属性面板

图像属性的含义如下。

➢　宽和高：图像的宽度和高度，以像素表示。在页面中插入图像时，Dreamweaver 会自动用图像的原始尺寸更新这些文本框。

➢　源文件：指定图像的源文件。在右侧的文本框中输入图像的路径或单击文件夹图标浏览定位到图像源文件。

➢　链接：指定图像的超链接。将指向文件图标拖曳到"文件"面板中的某个文件或单击文件夹图标浏览定位到站点上的某个文档，也可以手动键入 URL。

➢　替换：指定在显示文本的浏览器或已设置为手动下载的浏览器中代替图像显示的替换文本。

➢ 地图名称和热点工具：允许用户标注和创建客户端图像地图。

➢ 垂直边距和水平边距：沿图像的边缘添加边距，以像素表示。垂直边距沿图像的顶部和底部添加边距。水平边距沿图像的左侧和右侧添加边距。

➢ 目标：指定链接的页面应加载到的框架或窗口（当图像没有链接到其他文件时，此选项不可用。）

➢ 边框：图像边框的宽度，以像素表示，默认为无边框。

➢ 编辑：启动用户在外部编辑器首选参数中指定的图像编辑器并打开选定的图像。

➢ 对齐：对齐同一行上的图像和文本。

4.3 插入表格、超级链接与 Flash

4.3.1   Dreamweaver 插入表格

表格是网页排版的灵魂。在网页上井井有条地编排内容和图形，与内容的深度同样重要。表格可以更有效地组织网页上的内容，并使内容结构化。Dreamweaver 提供多种布局方式。一般来说，表格用于定位网页中的元素，如文本、图形和其他元素，但使用起来有难度，因为起初创建表格是为了显示数据，并非针对网页进行布局。但是现在表格已经是网页排版的灵魂，使用表格是现在网页的主要制作形式。

在 Dreamweaver 中创建表格非常简单。在创建表格之前先了解一些基本术语。

行：表格中从左到右的单元格。

列：表格中从上到下的单元格。

宽度：表格在屏幕上所占的宽度。表格的总宽度以像素或百分比为单位。

边框粗细：表格周围边框的粗细。如果需要边框的话，通过"边框"可以选择表格边框的粗细（以像素为单位）。

单元格边距：表格中各单元格内容周围的空间。"单元格边距"和"单元格间距"控制各单元格中数据显示的疏密程度。

单元格间距：单元格之间的间隔。

要在"标准模式"下创建表格，请执行以下步骤。

（1）单击"插入"栏中的"表格"按钮以显示"表格"对话框，如图 4-26 所示。

（2）键入所需的行数和列数，选择"百分比"或"像素"为单位的表格宽度。

（3）如果不需要显示边框，请将值设为"0"；

（4）设置"单元格边距"和"单元格间距"，单击"确定"按钮，完成表格插入。

如果表格的主要功能是用来做布局的，则必须将"边框粗细"、"单元格边距"和"单元格间距"参数全部设置为 0。

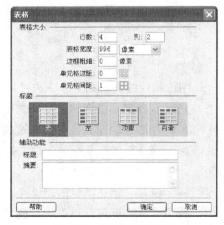

图 4-26 "表格"对话框

对于表格的属性常规设置主要包括：行、列、宽、高、填充、间距、边框、对齐、背景颜色、背景图像、边框颜色等，如图 4-27 所示。

图 4-27　"表格"的属性

相对于表格单元格也有一些常规的属性需要设置，主要包括：宽、高、水平与垂直对齐方式、背景颜色、背景图片等。如图 4-28 所示为单元格的属性。

图 4-28　表格单元格的属性

4.3.2　Dreamweaver 插入超级链接

超级链接是网站的灵魂，从一个网页指向另一个目的端的链接，它可以是文本或图片。

创建超级链接的具体操作步骤是：

（1）在"文档"窗口中选择文本或某个图像作为链接。

（2）打开属性检查器（选择"窗口"→"属性"命令）。

（3）单击"链接"字段右边的文件夹（"浏览文件"）图标进行浏览，然后选择一个文件。

（4）此时将显示"选择文件"对话框。在此可以浏览并选择想要链接打开的文件。

（5）在"选择文件"对话框中，到链接文档的路径显示在 URL 字段中；从"相对于"下拉列表框中选择路经是否相对于文档。

（6）单击"确定"按钮应用该链接。

例如对"网站首页"设置超级链接链接到"index.html",此时文本或图像已链接另一个文档的设置如图 4-29 所示。

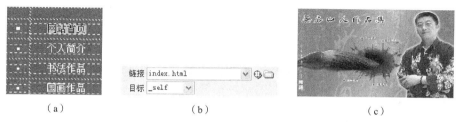

　（a）　　　　　　　　　　（b）　　　　　　　　　　　　（c）

图 4-29　设置超级链接

（a）网页文本设置超级链接　　（b）在文本属性栏设置超级链接　　（c）index.html 网页

在属性检查器中，从"目标"下拉列表框中选择要打开文件的位置。要使链接的文档显示在除当前窗口以外的位置，请从"目标"下拉列表框中选择一个选项。下面分别介绍这些选项。

_blank：在新的浏览器窗口中打开链接的文档，同时保持当前窗口不变。

_parent：在显示链接的框架的父框架集中打开链接的文档，同时替换整个框架集。

_self：在当前窗口中打开链接，同时替换该框架中的内容。

_top：在当前浏览器窗口中打开链接的文档，同时替换所有框架。

4.3.3 Dreamweaver 插入 Flash 元素

在 Dreamweaver 中插入 Flash 元素有两种类型。

1. 插入普通 Flash 动画元素

Flash 元素的插入，首先将鼠标光标置于文档中，执行"插入"→"媒体"→"Flash"命令（或点击"插入媒体"按钮 ），打开"选择文件"对话框，可以在文件中选择要插入的 Flash 影片（例如插入 banner1.swf），单击"确定"按钮，保存后，就在浏览器中欣赏 Flash 影片了，如图 4-30 所示。

图 4-30　插入 Flash 影片

2. 插入透明 Flash 动画元素

下面学习如何插入透明 Flash 动画。

（1）启动 Dreamweaver 软件，创建一个空网页并与"flash"文件夹保存在同一目录中命名为"transparentflash.html"，设置页面属性，设置标题为"透明动画测试"，设置"页面背景"上下左右边距为 0。

（2）在网页中插入一行一列的表格，设置表格的宽高、填充、间距、边框、背景颜色等。参数如图 4-31 所示。

图 4-31　插入表格的属性设置

（3）将光标置于表格中，然后执行"插入"→"媒体"→"Flash"命令，在弹出的"选择文件"对话框中选择 flash 文件夹中的"banner.swf"动画。

（4）选择动画在"属性"面板中点击"参数"按钮，设置"参数"选项为 wmode，值为 transparent，具体如图 4-32 所示。

图 4-32　插入动画的参数设置

（5）执行"文件"→"在浏览器中预览"→"iexplore"命令（快捷键<F12>）预览网页，如图 4-32 所示（本例与上例效果相同）。

如果在第 3 步中，选中"bird.swf"文件的话，效果如图 4-33 所示。

图 4-33　插入透明动画 bird 后的效果

4.4　实例：书法家庄辉个人介绍页面制作

4.4.1　实例设计思路

书法家庄辉个人介绍页面主要是在网站模板效果图切片后导出的图片的基础上实现新的网页编辑。遵循最初网站设计的思路，适当地做出调整。本页面的表格结构如图 4-34 所示。

网站Logo.jpg	大小 996 像素×65 像素	
Banner 动画	大小 996 像素×185 像素	
网站导航	个人照片	个人文字介绍
版权信息（文字白色）（背景褐色）高 100 px		

图 4-34　书法家庄辉个人介绍页面表格布局图

4.4.2 实例实施过程

书法家庄辉个人介绍页面编辑步骤如下。

（1）新建一个文件夹，命名为"庄辉个人简介网页"，然后打开文件夹，分别创建"flash"（存放动画）、"images"（存放网页基本文件）、"pic"（存放作者的书法作品）3个文件夹。然后将素材文件夹中的所需的素材分类存放到各自文件夹中。

（2）启动 Dreamweaver 软件，执行 "文件"→"新建"命令或按<Ctrl>+<N>组合键，弹出"新建文档"对话框。从"类别"列表中选择"基本页"，然后从右侧的列表中选择"HTML"，再单击"创建"按钮创建一个新的 HTML 网页，执行"文件"→"另存为"命令，保存网页到"庄辉个人简介网页"文件夹中，命名为"grjj.html"。

（3）按<Ctl>+<J>组合键调出"页面属性"对话框，设置"外观"分类为：字体大小 12px，文本颜色#FFFFFF，背景颜色#6d4418，上、下、左、右边距都为 0px，设置如图 4-19 所示。

（4）设置"页面属性"对话框中的"链接"分类，参数为：字体大小 12px，链接颜色#FFFFFF，变换图像链接时的颜色为浅黄色（#FFCC00），下划线样式设置为：仅在变换图像时显示下划线，详细如图 4-20 所示。同时设置"标题"分类，网页的标题为：庄辉个人简介页面，编码为简体中文（GB2312），如图 4-21 所示。

（5）执行"插入"→"表格"命令，在弹出的"表格"对话框中，设置行数为 4，列数为 2，宽 996 像素，边框粗细：0 像素，单元格边距 0 像素，单元格间距 1 像素，详细的参数也可以通过表格的参数设置来完成，属性参数如图 4-26 所示，表格的背景色为#edd15e，设置完成后选中所有单元格，设置单元格的背景色为#6d4418，设置完成后，如图 4-35 所示。

图 4-35　网页插入表格后的效果

（6）使用鼠标选中第 1 行的两个单元格，然后执行"修改"→"表格"→"合并单元格"命令（也可以点击属性栏中的"合并单元格"按钮▣），将其合并，同样的方法合并第 2 行，第 4 行，合并后效果如图 4-36 所示。

图 4-36　表格合并单元格后的效果

（7）使用鼠标选择第 1 行的单元格，然后设置单元格高为：65 像素，选择"插入"工具栏中的"常用"分类，然后点击"图像"按钮▣，插入"images"文件夹中的"logo.gif"图片。如图 4-37 所示。

图 4-37　第 1 行单元格插入"logo.gif"图片后的效果

（8）使用鼠标选择第 2 行的单元格，然后设置单元格高为：185 像素，选择"插入"工具栏中的"常用"分类，然后点击"媒体：flash"按钮，插入"flash"文件夹中的"banner4.swf"动画。如图 4-38 所示。点击"属性"栏中的"播放"按钮，效果如图 4-39 所示。

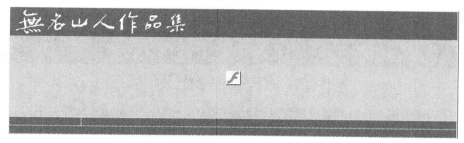

图 4-38　第 2 行单元格插入"banner4.swf"动画后的效果

图 4-39　第 2 行单元格插入"banner4.swf"动画后的播放效果

（9）设置第 3 行左侧单元格宽为 160 像素，右侧单元格为 833 像素（833+160+3=996 像素，总宽度等于水平显示的各个元素宽之和，保证网页界面精细就要减少误差），同时设置两个单元格的垂直对齐方式为：顶端，然后在左侧单元格中插入一个宽 120 像素，11 行，2 列，居中对齐，填充、间距、边框都为 0 像素的表格，详细参数如 4-40 所示。

图 4-40　第 3 行左侧单元格的参数设置

（10）选中插入的 22 个单元格，点击"居中对齐"按钮设置单元格为居中对齐，然后选择左侧 11 个单元格，设置宽为 30 像素，选中右侧的 11 个单元格，设置宽为 90 像素。最后分别给左侧从第 2 行开始的 10 个单元格中插入"dot.jpg"图片，分别在右侧的第 2 行开始的 10 个单元格中插入"网站首页"、"个人简介"、"书法作品"、"国画作品"、"楷书作品"、"篆书作品"等文本。插入后效果如图 4-41 所示。

图 4-41　插入文本后的效果（前 5 行）

（11）在右侧的表格中插入 1 个表格 6 行，2 列，宽为 95%，居中对齐。然后合并第 1、2、3 行的表格，设置第 2 行高为 30 像素，在第 2 行中嵌套 1 个表格 1 行 3 列，居中对齐，填充、间距、边框都为 0 像素，3 列宽度分别为 1%、3%、96%，第 1 列的背景颜色为#FF3300，在第 3 列中输入"个人介绍"（颜色为：#FFFF00），效果如图 4-42 所示。

图 4-42　在第 2 行中嵌套表格后的效果

（12）鼠标选中第 3 行，然后设置背景色为#FFFF00，插入"images"文件夹中的"space.gif"图片，最后设置行高为 1 像素，可以得到一条高为 1 像素的红线，如图 4-43 所示。

图 4-43　在第 3 行中制作红线的效果

（13）鼠标选中第 4 行的 2 个单元格，设置两个单元格的垂直对齐方式为：顶端 垂直 顶端 ∨，然后修改左侧的单元格宽为 360 像素，插入"grjj.jpg"图片到左侧单元格中，打开"素材"文件夹中的"庄辉介绍.txt"文件，将其中的内容复制到第 4 行右侧的单元格中，对文本进行段落调整，如果觉得文本过于密集，可以利用<Shift>+<Enter>组合键进行调整。

（14）鼠标选中最后 1 行，然后设置单元格属性为高 100 像素，水平居中对齐，最后在表格中输入"版权所有：淮安书画院书法家庄辉"、"建议分辨率：800×600 以上分辨率 IE4.0 以上版本浏览器"、"联系人：庄辉　电话:0517-83930880"等文本，最后通过整体调整，按键盘上的<F12>键进行预览，如图 4-44 所示。

（15）同样的方式制作"书法作品"的网页 sfzp.html，然后分别给两个页面的导航栏设置超级链接，个人简介链接 grjj.html，书法作品链接 sfzp.html，效果如图 4-45 所示。

图 4-44　个人简介的效果　　　　　　　　　　图 4-45　书法作品的效果

（16）采用同样的方式制作其他的网页，如主页、扇面作品、行草作品、草书作品等，如图 4-46～图 4-49 所示。

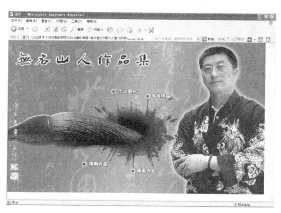

图 4-46　主页的效果

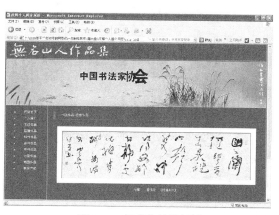

图 4-47　行草作品的效果

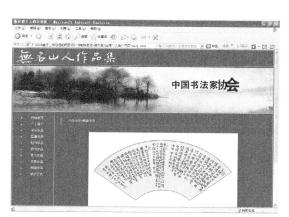

图 4-48　扇面作品的效果

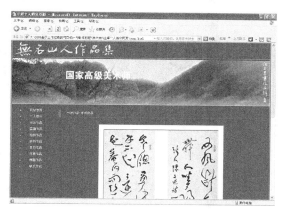

图 4-49　草书作品的效果

4.5　练习

1．简答题

（1）谈一下对静态网页、动态网页的理解。

（2）比较 Dreamweaver 中插入的表格的单元格边框、单元格间距与边框粗细的区别。

（3）超级链接的目标选项分为哪几部分，分别是什么意思？

2．项目实战题

（1）根据"作业训练实训.doc"制作鼠标滑过图像的翻转效果，如图 4-50 与图 4-51 所示。

图 4-50　原始状态下（服务指南模块）的导航效果

图 4-51　鼠标经过图像（服务指南模块）的导航效果

（2）根据"作业"文件夹中的"实例1：英语等级考试专题学习网站.doc"和"英语等级考试专题网的效果图"文件，切片生成网页，然后使用 Dreamweaver 软件进行主页与子页面的编辑，如图 4-52 所示。

图 4-52　英语等级考试专题网效果

第5章

多媒体元素的制作与应用

5.1　多媒体对象的基本知识

伴随着网络行业的快速发展，网络多媒体的技术也日渐成熟。网页中的多媒体对象包括音频、视频、Flash 动画、Java 小程序、Shockwave 电影和 ActiveX 控件等。

在网页中添加多媒体对象可以使制作出的网页变得有声有色。目前，在网络上可以播放的音频和视频文件格式如下。

5.1.1　音频媒体的格式

音频格式主要包含 WAV、MP3、MIDI、AIF 和 RA 等文件格式。

1. WAV 格式

WAV 格式是 Microsoft 公司开发的一种声音文件格式，用于保存 Windows 平台的音频信息资源，被 Windows 平台及其应用程序所支持，支持多种音频位数、采样频率和声道，是目前 PC 机上广为流行的声音文件格式，几乎所有的音频编辑软件都识别 WAV 格式。

2. MP3 格式

MP3 格式诞生于 20 世纪 80 年代的德国，所谓的 MP3 是指 MPEG 标准中的音频部分，也就是 MPEG 音频层。MPEG 音频文件的压缩是一种有损压缩，牺牲了声音文件中的 12kHZ 到 16kHZ 之间高音频部分的质量来压缩文件的大小。相同时间的音乐文件，用 MP3 格式存储，一般只有 WAV 文件的 1/10，而音质要次于 CD 格式或 WAV 格式声音文件。

3. MIDI 格式

MIDI 即音乐数字接口（Musical Instrument Digital Interface）的英文缩写，是 20 世纪 80 年代初为解决电声乐器之间的通信问题而提出的。MIDI 传输的不是声音信号，而是音符、控制参数等指令、MIDI 文件本身并不包含波形数据，所以 MIDI 文件非常小巧，非常适合作为网页的背景音乐。

5.1.2 视频媒体的格式

视频格式主要有 Real Media（RM）、Windows Media、AVI、MPEG 等文件格式、其中 RM 和 Windows Media 格式目前在国内使用比较广泛。

1. RM 格式

Real Networks 公司所制定的音频视频压缩规范称为 RM 格式，用户可以使用 RealPlayer 对符合 RM 技术规范的网络音频/视频资源进行实况转播，并且 RM 格式可以根据不同的网络传输速率制定出不同的压缩比率，从而实现在低速率的网络上进行影像数据实时传送和播放。这种格式的另一个特点是用户使用 RealPlayer 播放器可以在不下载音频/视频内容的条件下实现在线播放。

2. AVI 格式

AVI 格式即音频视频交错格式（Audio Video Interleaved）的英文缩写，是 Microsoft 公司开发的一种视频文件格式。所谓音频视频交错，是指可以将视频和音频交织在一起进行同步播放。这种视频格式的优点是图像质量好，可以跨平台使用；缺点是体积过于庞大，而且压缩标准不统一，时常会出现视频编码原因而造成的视频不能播放等问题。用户如果遇到了这些问题，可以通过下载相应的解码器来解决。

3. MPEG 格式

MPEG 即运动图像专家组格式（Moving Pictures Experts Group）的英文缩写，日常生活中用户欣赏的 VCD、DVD 就是这种格式。MPEG 文件格式采用了有损压缩方法减少运动图像信息中的冗余信息、由于相邻两幅画面中的大多数信息是相同的，将后续图像中和前面图像有冗余的部分去除，从而达到压缩的目的。目前 MPEG 格式有三个压缩标准，分别是 MPEG-1、MPEG-2 和 MPEG-4。

4. WMV 格式

WMV 即视窗媒体视频（Windows Media Video）的英文缩写，是 Microsoft 公司推出的一种采用独立编码方式并且可以直接在网上实时观看的视频文件压缩格式。WMV 格式的主要优点包括：本地或网络回放、可扩充的媒体类型、部件下载、可伸缩的媒体类型、流的优先级化、多语言支持、环境独立性、丰富的流间关系以及扩展性等。

5. SWF 格式

SWF（shock wave flash）为 Adobe 公司的动画设计软件 Flash 的专用格式，是一种支持矢量和点阵图形的动画文件格式，被广泛应用于网页设计、动画制作等领域，swf 文件通常也被称为 Flash 文件。swf 普及程度很高，现在超过 99%的网络使用者都可以读取 swf 档案。浏览器必须安装 Adobe Flash Player 插件。

5.2　多媒体素材的制作

5.2.1　FlashPaper 电子文档的制作方法

素材制作时，如果有一些 Word 文本，例如教学大纲，考试介绍等内容，可以通过购买或者下载软件试用版来完成。常用的软件是 FlashPaper 软件。具体使用方法如下。

（1）启动"FlashPaper 软件"，如图 5-1 所示。

图 5-1　FlashPaper 软件启动后的效果

（2）将需要转换的 word 或者 PPT 文件直接拖曳到启动"FlashPaper 软件"的空白工作区，"FlashPaper 软件"将会自动转换，如图 5-2 所示。

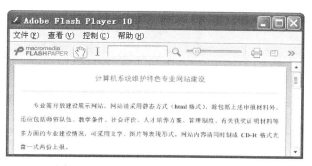

图 5-2　FlashPaper 软件转换文件的效果

（3）点击按钮"保存为 Flash 格式"即可，从而完成了 word 转换 swf 的问题。

注意：PPT 转换为 swf，也可以使用"FlashPaper 软件"，但是转换完成后，只是直接转换 PPT 片子，没有动画或各种播放特效，解决这个问题，大家有两种方法：

方法一：网上搜索"PPT 转换为 swf"，搜索的相关的专业软件可以完成该功能，例如"ISpring"软件，这种方式能够保存 PPT 的动画与特效。

方法二：将 PPT 转换为序列帧图片，然后在 Flash 中将序列帧导入，创建按钮元件控制逐帧动画的播放，这样控制比较自由，同样不会丢掉动画效果。

5.2.2　屏幕录制视频的方法

　　屏幕录制视屏的软件有很多，例如"Camtasia Studio"、"屏幕录制大师"、"ScreenFlash"等，而且这些软件的使用方法也相当简单，大家可以多加练习，不断通过实践来把握其中的技巧，从而录制出质量较高的片子。

　　以"ScreenFlash"为例简单介绍一下使用方法，具体步骤如下。

　　（1）购买或者下载软件试用版的"ScreenFlash"软件，启动软件，如图5-3所示。

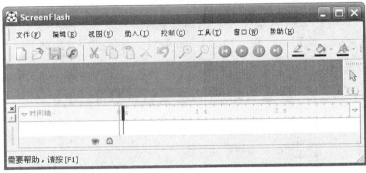

图5-3　"ScreenFlash"软件界面

　　（2）执行"文件"→"新建"命令，弹出"创建新工程"对话框，如图5-4所示。

　　（3）单击"下一步"按钮，进入"选择捕获模式"对话框，大家可根据需要进行选择，如图5-5所示。

　　（4）单击"下一步"按钮，进入"捕获全屏"对话框，大家可根据需要进行设置，例如设置"开始/停止"的快捷键为<F9>，暂停/恢复的快捷键为<F10>，捕获频率为5次/秒，如图5-6所示，点击"完成"按钮设置完成。

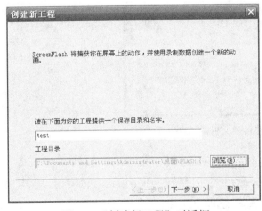

图5-4　"创建新工程"对话框

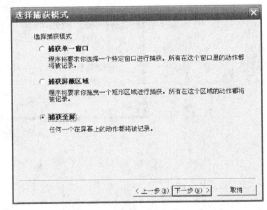

图5-5　"选择捕获模式"对话框

　　（5）按快捷键<F9>开始录制，按快捷键<F9>停止录制，界面如图5-7所示，如果录制过程中，有电话或其他事情，可以按快捷键<F10>停止录制，再次按快捷键<F10>可以继续录制。

　　（6）最后，执行"文件"→"输出swf"命令，即可完成swf格式视频录制。

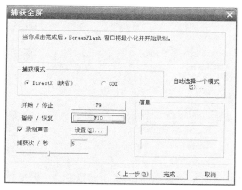

图 5-6 设置录制参数

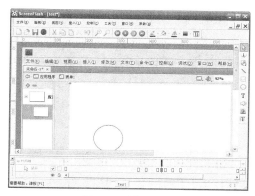

图 5-7 编辑录制内容

5.3 常用动画制作软件

5.3.1 Photoshop 的"动画"面板

新建一个文件，命名为"Gif 动画.psd"，文件大小为宽 777 像素，高 151 像素，打开素材文件夹，打开"学院全景 1.jpg"和"学院全景 2.jpg"，然后使用"移动工具" ↳₊将这两幅图像拖曳至效果图中。

现在开始浏览此时的"动画"面板，默认时，动画面版并没有显示出来，只要执行"窗口"→"动画"命令，即可以显示该面版，如图 5-8 所示。

单击"永远"按钮，将弹出一个子菜单，其中包括一次、永远和其他 3 个选项。

一次：选择此项后，动画只播放一次。

永远：选择此项后，动画将不停地连续播放。

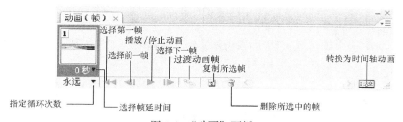

图 5-8 "动画"面板

其他：选择此项后，将弹出"设置循环次数"对话框，用户可以自定义动画的播放次数。单击"复制所选帧"按钮 将会复制所选帧，再次单击将会再次复制，将所选帧连续复制后的效果如图 5-9 所示。

图 5-9 复制帧后的"动画"面板

"选择第一帧"按钮 ◀◀：点击后返回到第一帧的状态。

"选择前一帧"按钮 ◀｜：点击后返回到前一帧的状态。

"播放动画"按钮 ▶：点击后播放动画，播放后会有"停止"按钮 ■ 出现；点击"播放"按钮后测试动画。

"选择下一帧"按钮 ｜▶：点击后返回到下一帧的状态。

"过渡动画帧"按钮 °°°：点击后会弹出"过渡"对话框，下一节将配合帧与图层的显示来制作一个过渡动画。

"删除所选帧"按钮 🗑：点击后会删除所选帧。

"转换为时间轴动画"按钮 ▦：点击后动画面板会由 "帧"切换到"时间轴"状态，如图5-10所示。

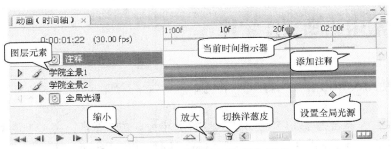

图 5-10　动画面板的"时间轴"模式

5.3.2　Photoshop 制作过渡动画

使用"过渡"命令可自动添加或者修改来连接两个现有帧之间的一系列帧，即均匀地改变新帧之间的图层属性（位置、不透明度或效果参数）以创建移动外观。创建过渡动画时，大家可以根据不同的过渡动画效果设置不同的选项，不管是哪一种过渡动画都是在两帧之间创建的，继续前面制作的"过渡动画.psd"文件开始制作。

（1）如图 5-9 中选中第二帧，然后在图层面板中设置图层"学院风景 1"为隐藏状态，如图5-11 所示。

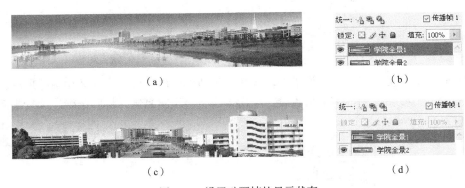

（a）　　　　　　　　　　　　　　　　　　　　（b）

（c）　　　　　　　　　　　　　　　　　　　　（d）

图 5-11　设置动画帧的显示状态

（a）第 1 与第 3 帧的显示效果相同　（b）第 1 与第 3 帧的图层显示状况

（c）第 2 帧的显示效果（显示学院全景 2）　（d）第 2 帧的图层显示状况（隐藏学院全景 1）

注意

在动画制作过程中，如图 5-11（b）或（d）中的图层具备"统一"各帧的功能，分别包括：

"统一图层位置"按钮 ：修改某一个图层的位置，其他的位置也随之着变化。

"统一图层可见性"按钮 ：修改某一个图层的显示属性位置，其他图层也随之变化。

"统一图层样式"按钮 ：修改某一个图层的样式位置，其他的样式也随之变化。

（2）在"动画"面板中，单击每帧的右下角的"选择帧延时间"按钮，此时在弹出的列表中可以为每一幅设定好的过程图像设置时间延迟，如图 5-12 所示设置为 0.1 秒（第 1、2、3 帧的动画显示时间为 0.1 秒）。

（3）在"动画"面板中，选中第二帧然后单击"过渡动画帧"按钮，将弹出如图 5-13 所示的对话框。此时在动画面板中会在第 1 帧与第 2 帧之间增加 5 个过渡帧，如图 5-14 所示。

（4）采用同样的方法，再次单击"过渡动画帧"按钮，在如图 5-13 中的"过渡方式"下拉列表中修改为"下一帧"，点击"确定"按钮。

（5）分别选择第 1 帧与第 7 帧，设置其动画显示时间为"2 秒"。

（6）点击"播放动画"按钮，测试动画，执行"文件"→"存储为 Web 和设备所用格式"保存图像为 Gif 格式就可以了。

图 5-12　设置帧显示时间

图 5-13　"过渡"对话框

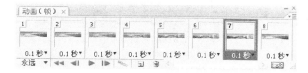
图 5-14　增加过渡动画后的动画面板

参阅素材文件夹中的"Banner 动画的制作.doc"制作简单的 Banner 广告，广告动画效果如图 5-15 所示。

图 5-15　Banner 广告条的预览效果

5.3.3　Flash Swish 软件认识

根据网络调查，世界上 97%的计算机都安装了 Flash Player，利用包括 Flash 创作工具、渲染引擎及超过 200 万设计者和开发者群体 Flash 平台生态系统，可以制作出各式各样的 Flash 动画，Flash 动画主要由简洁的矢量图形组成，通过这些图形的变化和运动，从而产生了动画效果，而 Flash 是一门非常系统而且功能强大的应用软件，在课外大家可以深入学习 Flash 技术，在此主要学习 Flash Swish 软件的使用方法。

Flash Swish 软件主要用来制作一些常用的文本动画，使用十分方便，当然对于普通的图像淡入、淡出、变换等都非常容易实现。

首先认识一下 Swish 软件界面。

安装了 Swish 软件（可以在网上下载绿色版本）后，执行"开始"→"程序" →"SWiSHmax" → "SWiSHmax"命令启动 Swish 软件，出现如图 5-16 所示的窗口，即为 Swish 的工作界面。

菜单栏：菜单主要包括文件、编辑、查看、插入、修改、控制、工具、面板、帮助等。

常用工具栏：包括新建、打开、复制、粘贴、查找、剪切、删除等常用操作。

插入栏：包括插入电影、文本、图像、内容、按钮等。

控制栏：主要用来测试动画，包括播放、停止、播放时间线等。

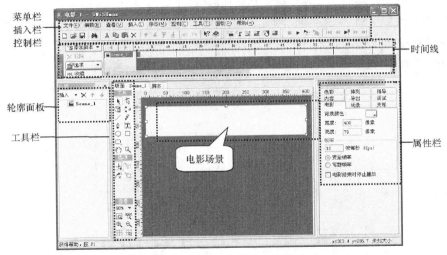

图 5-16　Swish 软件的工作界面

轮廓面板：主要是制作动画中对所有元素的控制。

工具栏：主要包括文本工具、选择工具、填充变形工具、铅笔工具、曲线工具、缩放工具、动作路径工具等。

电影场景：其实就是动画场景，编辑动画的场地。

属性面板：用来设置动画的参数、动画元素的参数等。

5.4　实例：书法家庄辉个人网站动画的设计

5.4.1　实例展示

本实例动画主要是以反映褐色国画效果图片为背景，制作"中国书法家协会会员"、"国家高级美术师"、"江苏省淮安书画院专职画师"三组文字动画。动画效果如图 5-17 所示。

图 5-17　书法家庄辉个人网站动画的设计效果展示

5.4.2　实例实施过程

法家庄辉个人网站动画制作步骤如下。

（1）执行"开始"→"新建"命令，在场景中创建一个电影，在属性栏"电影"属性面板中输入动画的宽为 996 像素，高为 185 像素，具体参数如图 5-18 所示。

（2）执行"插入"→"图像"命令，在"打开"对话框中选择素材文件夹中的"网站背景 1.jpg"后点击"打开"按钮，图片就插入到场景中了，设置电影的"变形"属性标签，将锚点设置为"左上"，具体设置如图 5-19 所示，图像插入的效果如图 5-20 所示。

图 5-18　"电影"属性的参数设置界面

图 5-19　"变形"属性的设置界面

图 5-20　动画插入背景后的场景界面

（3）点击工具栏中的 **T** 按钮（执行"插入"→"文本"命令），然后在文本输入区中输入"中国书法家协会会员"文字，调整文字的位置（图 5-20 中右上部），设置文本的字体为"方正大黑简体"（也可以设置为"黑体"），字体大小为 36 点，颜色为黑色，如图 5-21 所示。

（4）在场景中选中"中国书法家协会会员"文字对象，执行"插入"→"效果"→"核心效果"→"变形"命令，然后浏览时间线如图 5-22 所示。

图 5-21　设置插入的文本属性

图 5-22 对文本添加效果后的时间线

（5）在控制栏中点击"播放"按钮 ▶ 测试一下动画效果，发现文字动画变化太快，用鼠标左键放在图 5-20 中的第 20 帧的位置拖曳至 50 帧的位置，再次测试动画，速度适中，调整过的时间线如图 5-23 所示。

（6）当然大家可以给文本制作淡出的效果，用鼠标在"时间线"调板上的第 60 帧上点击右键执行"渐近"→"淡出"命令，再次在控制栏中点击"播放" ▶ 按钮测试一下动画效果，此时的时间线如图 5-24 所示。

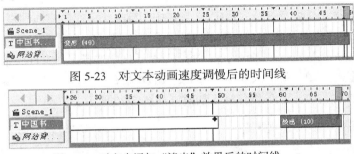

图 5-23 对文本动画速度调慢后的时间线

图 5-24 对文本添加"淡出"效果后的时间线

（7）采用同样的方法分别输入"国家高级美术师"和"江苏省淮安书画院专职画师"两组文本，然后做同样的设置，完成三组文字的动画效果。执行"文件"→"导出"→"swf"命令，即可弹出"导出为 swf"对话框，选择路径，输入文件名即可保存，如图 5-17 所示。

补充：如果再次插入图像将"网站背景 2.jpg"、"网站背景 3.jpg"、"网站背景 4.jpg"、"网站背景 5.jpg"分别插入生成的动画后预览的效果如图 5-25～图 5-28 所示。

图 5-25 背景为"网站背景 2.jpg"制作的动画

图 5-26 背景为"网站背景 3.jpg"制作的动画

图 5-27 背景为"网站背景 4.jpg"制作的动画

图 5-28 背景为"网站背景 5.jpg"制作的动画

注意

在现实开发中也经常制作透明背景的动画，例如实例中如果不插入"网站背景 1.jpg"生成的动画效果如图 5-29 所示。

图 5-29 设置浅背景色的动画效果

5.5 插入多媒体元素

5.5.1 插入视频与音频元素

用浏览器可以播放的音乐格式有 MIDI 音乐、WAV 音乐、AU 格式。另外，在利用网络下载的各种音乐格式中，MP3 是压缩率最高、音质最好的文件格式。

点播音乐的方式是将音乐做成一个超链接，只需要用鼠标在上面单击，就可以听到动人的音乐了，其实这样做的方法很简单。

嵌入音频文件或视频文件的操作步骤如下。

（1）在"文档"窗口中，将插入点定位到要嵌入文件的地方，然后执行菜单"插入"→"媒体"→"插件"命令。

（2）在"选择文件"对话框中选择要嵌入的视频文件（文件名不要以汉字命名），如图 5-30 所示。单击确定按钮，视频插件插入到页面中，如图 5-31 所示。

图 5-30 "选择文件"对话框

图 5-31 插入到页面中的视频插件

（3）选中插件，"属性"面板中的"高"和"宽"文本框默认为 32 像素，如图 5-32 所示。修改"属性"面板中的"高"和"宽"文本框的值（高为 280 像素，宽为 320 像素），或者通过在"文档"窗口中调整插件占位符的大小，可以确定播放器控件在浏览器中的显示大小。

（4）执行"文件"→"在浏览器中预览"→"IE explorer"命令，插入视频效果如图 5-33 所示。插入音频的方法与插入音频一样，在此就不做阐述了。

图 5-32 "插件"的属性面板　　　　　　　　图 5-33 插件视频浏览效果

5.5.2 插入 FlashPaper 电子文档

用户可以在网页中插入 FlashPaper 文档。当浏览器中打开包含 FlashPaper 文档的页面时，用户可以浏览 FlashPaper 文档中的所有页面，而无需加载新的网页。

向网页中插入 FlashPaper 文档的步骤如下。

（1）在"文档"窗口中，将插入点定位到要嵌入文件的地方，然后执行菜单"插入"→"媒体"→"FlashPaper"命令。

（2）在"插入 FlashPaper"对话框中选择要嵌入的 FlashPaper 文件（文件名不要以汉字命名），单击确定按钮，如图 5-34 所示。

（3）选中插件，"属性"面板中修改"高"和"宽"文本框的值（高为 780 像素，宽为 600 像素）。

图 5-34 插件 FlashPaper 文档

5.5.3 插入背景音乐

背景音乐能够反映一个网页的风格，添加背景音乐需要通过代码添加实现。制作步骤如下。

（1）将背景音乐"gsls.mp3"文件添加到庄辉个人网站的"sound"文件夹中。

（2）打开主页 Index.html 页面，进入"代码"视图。

（3）在<head></head>之间添加以下代码：

<bgsound src="sound/gsls.mp3" loop="-1">

"代码"中 bgsound 标签的基本属性 src，用于指定背景音乐的源文件，loop 属性用于设置音

乐循环播放的次数，本例设置无限次播放。

（4）保存并浏览网页。

5.6 习题

1．简答题

（1）谈一下 Gif 动画与 Flash 动画的不同。

（2）简述使用 SwiSHmax 软件制作动画的过程。

（3）在 Dreamweaver 中插入透明动画时，需要设置哪些参数？

2．项目实战题

（1）依据图 5-35、图 5-36 两张图片分别设计淮安市高校教学资源共建共享平台的网站中的 Flash 动画。

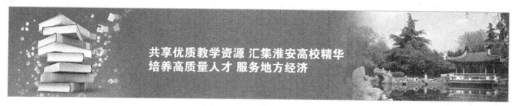

图 5-35　标语与图片 1

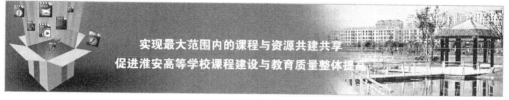

图 5-36　标语与图片 2

（2）依据素材设计和制作无名山人 Gif 动画，如图 5-37 所示。

图 5-37　无名山人 Gif 动画效果

第6章

框架与表格布局页面

6.1　框架布局的基本应用

框架是一个比较早出现的 HTML 对象，框架的作用就是把浏览器窗口划分为若干个区域，每个区域可以分别显示不同的网页。使用框架可以非常方便地完成导航工作，而且各个框架之间决不存在干扰问题，所以在模板出现以前，框架技术一直普遍应用于页面的导航，它可以使网站导航比较清晰。

使用框架建设网站的最大特点是使网站风格能够保持统一。一个网站的众多网页最好都有相同的地方，从而做到风格统一。可以把这个相同的部分单独地制作一个页面，作为框架结构的各个子框架的内容给整个站点共享。通过这个方法达到网站风格的统一。

框架实际上有两部分组成，即框架集与框架。由于框架集在文档中仅定义了框架的结构、数量、尺寸及装入框架的页面文件，因此，框架集并不显示在浏览器中，它只是存储了一些框架如何显示的信息。

6.1.1　框架面板

Dreamweaver 定义了很多种类型的框架，在"插入"面板的"布局"标签中单击"框架"按钮 ，在弹出的菜单中，用户可以选择系统预定义的框架结构，如图 6-1 所示。

当插入了框架后，操作框架时，"框架"面板是非常有用的。使用"框架"面板可以进行选取、修改框架等操作。执行"窗口"→"框架"命令，可以打开"框架"面板，如图 6-2 所示。

图 6-1　预定义的框架结构　　　　　　　图 6-2　"框架"面板

6.1.2　创建框架页

创建预定义框架的方法是，新建一个空白文档，执行"查看"→"可视化助理"→"框架边框"命令，在文档窗口中显示边框，将光标移动到边框，其会变成双向箭头形状，如图 6-3 所示。用光标左键拖曳文档窗口中的框架边框，将其拖曳到所需的位置上，释放光标左键，即可创建框架集。

图 6-3　光标变成双向箭头形状

创建自定义框架的方法是：执行"文件"→"新建"命令，在弹出的"新建文档"对话框中选择"示例中的页"→"框架页"选项，如图 6-4 所示，在"示例页列表中"根据需要进行选择，单击"创建"按钮，即可创建框架集，然后再弹出"框架标签辅助功能属性"对话框，如图 6-5 所示。

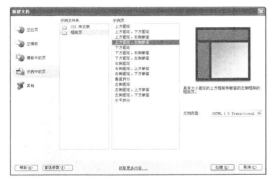

图 6-4　自定义框架页面　　　　　　图 6-5　"框架标签辅助功能属性"对话框

6.1.3 框架的选择与保存

1. 框架的选择方法

选择框架有以下两种方法。

（1）执行"窗口"→"框架"命令，在打开的"框架"面板中单击需要选择的框架，则框架集的边界就会被虚线包围。

（2）按住<Alt>键，再单击文档窗口中需要选择的框架，即可选中框架。

2. 框架集的选择方法

选择框架集有以下两种方法。

（1）将光标移动到整个边框上，按住<Alt>键，当光标指针变为水平方向或垂直方向双向箭头时，单击边框即可选中整个框架集。

（2）单击"框架"面板中最外边的边框，当其显示为黑边时，即可选中框架集。

3. 框架集的保存

若想保存框架页面，可以直接将插入点放置在该框架，执行"文件"→"框架另存为"命令，在弹出的"另存为"对话框的"文件名"文本框中输入框架的名称，单击"保存"按钮，即可保存框架。

若想保存框架集，可以选中框架集，执行"文件"→"框架集另存为"命令，在弹出的"另存为"对话框中输入框架集的名称，单击"保存"按钮，即可保存框架集。依次保存框架集与各个框架页面。

6.1.4 设置框架的属性

在"框架"面板中，选择其中的一个框架，如图 6-6 所示，选中框架后，其"属性"面板如图 6-7 所示，在其中可以设置框架名、源文件和边框等。

图 6-6 "框架"面板中选择 mainFrame   图 6-7 框架"属性"面板

框架"属性"面板中主要选项含义如下。

"框架名称"：用来描述框架的名称。

"源文件"：确定框架的源文档，可以在文本框中直接输入路径，也可以单击"浏览文件"按钮🗁在弹出的"选择 HTML 文件"对话框中进行选择。

"滚动"：设置当框架中的内容显示不完时是否出现滚动条。

"不能调整大小"：限定框架的尺寸，防止用户拖曳框架边框。

"边框"：用来控制当前框架边框，包括"是"、"否"和"默认"3 个选项。

"边框颜色"：设置与当前框架相邻的所有框架的边框颜色。

"边界宽度"：以像素为单位设置框架边框和内容之间的左右边距。

"边界高度"：以像素为单位设置框架边框和内容之间的上下边距。

6.1.5　设置框架集的属性

选中框架集后，其"属性"面板如图 6-8 所示，在其中可以设置框架集的相关属性。

图 6-8　框架集"属性"面板

框架集"属性"面板中主要选项含义如下。

"边框"：设置是否有边框，包括"是"、"否"和"默认"3 个选项。

"边框宽度"：以像素为单位设置整个框架集的边框宽度。

"边框颜色"：用来设置整个框架集的边框颜色。

"行"和"列"：显示的行或列由框架集的结构而定。

"单位"：行、列尺寸的单位，包括"像素"、"百分比"和"相对"3 个选项。

6.2　实例 1：无名山人作品集框架网页

6.2.1　实例设计思路

通常功能型网站多采用框架结构，例如：电子邮件系统、自动化办公系统等都采用框架结构布局，本站根据无名山人作品集的需求，也可以进行框架的应用，网站设计采用框架结构，具体采用"上方固定、左侧嵌套"的框架布局结构。

网页布局将上方框架存放网站的页眉，包括网站名称与背景图片，左侧部分包括"书法作品"、"国画作品"、"楷书作品"、"篆书作品"、"草书作品"、"行草作品"、"扇面作品"等模块。

框架布局设计草图如图 6-9 所示。

上方框架 无名山人作品集网站页眉	
左框架 书法作品 国画作品 楷书作品 篆书作品 草书作品 行草作品 扇面作品	主框架 作品展示

图 6-9　无名山人作品集网站布局设计草图

网站框架布局的具体方法是：

根据图 6-9 所示的草图，假设这个主页是上下结构，下方又分为左右结构，上方框架显示网站页眉信息，左方框架显示导航页面，右侧框架显示主内容。

提供的 3 个网页效果以及最终实现的效果如图 6-10 所示。

（a）

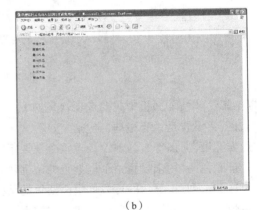

（b）

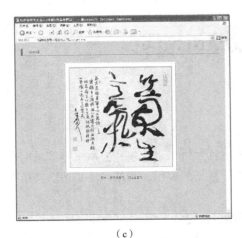

（c）

（d）

图 6-10　框架使用演示效果

（a）顶部框架页面　　（b）左侧框架页面　　（c）主框架页面　　（d）套用框架后的页面

6.2.2　实例实施过程

使用框架制作本站的制作步骤如下。

（1）首先，执行"文件"→"新建"命令，在弹出的"新建文档"对话框中选择"示例页"→"框架集"选项，在"示例页列表中"根据需要进行选择"上方固定、左侧嵌套"的示例框架结构，单击"创建"按钮，如图 6-11 所示。

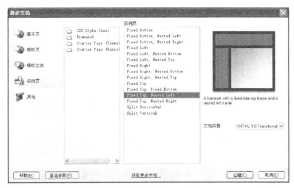

图 6-11　创建"上方固定，左侧嵌套"的框架集

（2）创建完成后，执行"文件"→"框架集另存为"命令，在弹出的"另存为"对话框中输入框架集的名称为"default.htm"，保存框架在所提供的素材文件夹中，标题为"欢迎访问无名山人(庄辉)作品集网站!"，执行"窗口"→"框架"命令，如图 6-12 所示。

图 6-12　显示"框架"面板后的整体效果

（3）单击"框架"面板中的上侧框架（topFrame），在属性中单击"浏览文件"按钮 ，在弹出的"选择 HTML 文件"对话框中选择已经做好的网页"top.htm"。效果如图 6-13 所示。

（4）点击框架面板的左侧框架(leftFrame)，在属性面板中"源文件"后单击"浏览文件"按钮 ，在弹出的"选择 HTML 文件"对话框中选择已经做好的网页"left.htm"，点击框架面板的右侧框架(mainFrame)，在属性面板中"源文件"后点击"浏览文件"按钮 ，在弹出的"选择 HTML 文件"对话框中选择已经做好的网页"right.htm"，如图 6-14 所示。

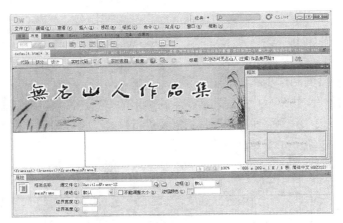

图 6-13　上方框架添加源文件后的效果

图 6-14　确定框架集中的文件后的效果

（5）在 defautl.htm 文件中，鼠标选择 left.htm 中的"扇面作品"文本。单击"链接"文本框右边的"浏览文件"按钮，在弹出的"选择文件"对话框中选择 smzp.html 文件。

（6）单击"确定"按钮后，在"属性"栏中的"目标"下拉列表框中选择"mainFrame"选项，如图 6-15 所示。

图 6-15　设置目标为 mainFrame

通常设置"目标"下拉列表框中的 topFrame、leftFrame、mainFrame 分别表示响应网页 SMZP.html 链接后显示的区域，通常选择_parent 可以返回到父窗口中。

（7）保存后按<F12>键预览点击"扇面作品"超级链接后的效果如图 6-16 所示。

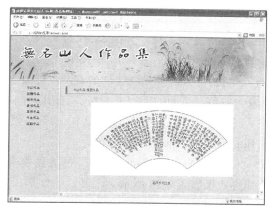

图 6-16　链接的文件显示效果

6.3　实例 2：淮安市维达科技有限公司网站布局

6.3.1　实例设计思路

淮安市维达科技有限公司是一家专业从事各种规格 LED 控制卡的研发、制造、技术服务的企业。拥有一支 LED 控制卡行业丰富经验的专业队伍，汇集优秀的光电技术、数字电路技术及计算机技术的人才。产品结合了日本、美国等先进 LED 数码电子显示屏的最新科技，采用当前先进的 LED 显示屏控制卡专业技术。公司网站的建设要能够体现企业"用心服务、用户至上"的服务理念。

根据需求，本网站主要包括"关于我们"、"新闻动态"、"产品展示"、"售后服务"、"客户留言"、"驱动下载"等几个模块，同时本网站要能够实现对所有信息的查询，能够显示并下载相关的文档，此外网站还有"服务动态"、"专家指导"等内容。

针对中心网站的基本设计思路，以蓝色为主色调，突出高新科技公司形象特点，页面干净整洁、主次分明，整个界面采用满屏设计。项目设计草图如图 6-17 所示。

淮安市维达科技有限公司网站网站标志		"用心服务、用户至上"的服务理念		
网站动画				
网站导航				
文档搜索	服务动态	专家指导	技术研讨	关爱社会
分类显示				
友情链接				
版权信息				

图 6-17　淮安市维达科技有限公司网站草图

6.3.2　实例实施过程

项目实施步骤如下。

（1）创建"淮安市维达科技有限公司网站"文件夹，在文件夹中创建"images"、"flash"等文件夹，根据需要，处理相关的图片并保存到"images"文件夹中。

（2）打开 Dreamweaver 软件创建新网页，并将其保存到"淮安市维达科技有限公司网站"文件夹中，命名为"index.htm"，然后设置"页面属性"中"网页标题"为"欢迎访问淮安市维达科技有限公司网站!"，背景色为白色，页面的上、下、左、右边距为 0 像素。

（3）在网页中插入表格，具体参数为 1 行 3 列，宽为 100%，高为 65 像素，填充、间距、边框都为 0 像素。分别设置三列的宽度为 20%，60%，20%。

（4）分别将"head.gif"、"topmid.jpg"、"headright.gif"插入到表格的第 1 个单元格、第 2 个单元格和第 3 个单元格中，最终效果如图 6-18 所示。

图 6-18　插入淮安市维达科技有限公司网站 Logo

（5）在网页中插入表格，具体参数为 1 行 1 列，宽为 100%，高为 160 像素，填充、间距、边框都为 0 像素。将光标在单元格中点击一下，然后设置表格的背景图为"mid.jpg"。

（6）在网页中再次插入表格，具体参数为 3 行 1 列，宽为 100%，填充、间距、边框都为 0 像素。将光标插入到第 1 个单元格中，设置背景色为"#243569"(蓝色)。高度设为 1 像素，同时插入"space.gif"到该单元格，第 3 个单元格设置和第一个相同，设置第 2 个单元格的背景色为"#E3E3E3"。

（7）在第 2 个单元格中嵌套新表格，具体参数为 1 行 7 列，宽为 720 像素，高 25 像素，填充、边框为 0 像素，间距为 1 像素，背景色为白色，设置表格单元格的背景色为"#E3E3E3"，依次给单元格中输入"首页"、"关于我们"、"新闻动态"、"产品展示"、"售后服务"、"客户留言"、"驱动下载"等文字，并设置它们的超级链接地址为"index.htm"，如图 6-19 所示。

图 6-19　插入背景图片与导航后的效果

（8）继续在网页中插入表格，具体参数为 1 行 2 列，宽为 100%，填充、间距、边框都为 0 像素，第 1 列列宽为 20%，第 2 列列宽为 80%。

（9）在第 1 列中嵌套一个 6 行 2 列的表格，宽为 100%。设置 1、3、5 行中的两列宽分别为 30%和 70%，高为 28 像素，背景色为 "#E3E3E3"。并在 1、3、5 行中第 1 列插入图片 "left.jpg"，第 2 列依次插入 "文档搜索"、"分类显示"、"友情链接"。将第 2、4、6 行合并单元格，单元格的高依次为 100 像素、80 像素、30 像素，如图 6-20 所示。

图 6-20　插入左导航框架的效果

（10）在第 2 行中插入一个 3 行 2 列的表格，宽 100%，高 90 像素。第 1 行的第一个单元格中输入 "检索内容"，第 2 个单元格中插入文本框（表单元素）；第 2 行的第 1 个单元格中输入 "文件类型"，第 2 个单元格中插入列表框（表单元素），第 3 行的第 1 个单元格中插入查询按钮（表单元素），第 2 个单元格中插入重置按钮（表单元素）。

（11）在第 4 行中插入表格 2 行 2 列，宽 70%，高 80%。依次在四个单元格中插入 "舞台字幕"、"通用芯片"、"全彩控制"、"流程控制"，并设置它们的超级链接为 "index.htm"。将光标插入到第 6 行中，然后插入 "中国电子网"，效果如图 6-21 所示。

图 6-21　插入左导航模块

111

（12）在右边的单元格中嵌套新表格，具体参数为 1 行 7 列，宽为 771 像素，填充、间距、边框为 0 像素，背景色为白色，采用第 6 步制作横线的方式，将第 2、4、6 列宽设置为 1 像素，背景色设置为"#CCCCCC"，并在其中插入"space.gif"图片。设置第 1、3、5、7 列宽为 192 像素。

（13）在第 1 列中嵌套新表格，具体参数为 4 行 1 列，宽为 177 像素，在第 1 行中插入"pix03.jpg"，第 2 行中插入"pix003.jpg"，第 3 行中插入"淮安市维达科技有限公司是……"，第四行中插入"…more"等内容。采用同样的方法设置第 3、5、7 列，效果如图 6-22 所示。

图 6-22　插入主模块的效果

（14）继续在网页中插入表格，具体参数为 2 行 1 列，宽为 100%。采用第 6 步制作横线的方法制作背景色为"#233468"的横线，第 2 行行高为 60 像素，插入相关的版权信息。

（15）总体调整，在第 2 行的表格中插入 flash 透明动画，在导航条中的<td>标签中插入事件函数：

```
onmouseover="this.style.backgroundColor='#FDB314'"
onmouseout="this.style.backgroundColor='#E3E3E3'"
```

调整整个网页的视觉效果。

（16）在"设计"调板中附加 css 文件夹中的"css.css"样式表，保存网页，按<F12>键预览网页，效果如图 6-23 所示。

图 6-23　网站最终效果展示

6.4　习题

1．简答题

（1）回顾使用表格布局有哪些技巧？

（2）回顾使用框架布局有哪些技巧？

2．项目实战题

（1）打开自己的邮箱，将邮箱主页面下载，然后使用框架技术克隆邮箱系统主界面。

（2）根据作业文件夹中"淮安市高校教学资源共建共享平台"网站文件 index.html，使用表格布局仿作"淮安市高校教学资源共建共享平台"主页面，效果如图 6-24 所示。

图 6-24　淮安市高校教学资源共建共享平台网站主页面

第7章

HTML 语言应用

7.1 HTML 的基本概念

7.1.1 HTML 简介

HTML 的英文全称是 Hyper Text Markup Language，直译为超文本标记语言。它是全球广域网描述网页内容和外观的标准。HTML 包含了一对打开和关闭的标记，在当中包含有属性和值。标记描述了每个在网页上的组件，例如文本段落、表格或图像等。

事实上，HTML 是一种因特网上较常见的网页制作标记型语言，而并不能算做一种程序设计语言，因为它缺少程序设计语言所应有的特征。HTML 通过 IE 等浏览器的翻译，将网页中所要呈现的内容、排版展现在用户眼前。

7.1.2 HTML 的结构

一个完整的 HTML 文件包括标题、段落、列表、表格以及各种嵌入对象，这些对象统称为 HTML 元素。在 HTML 中使用标签来分割并描述这些元素。实际上可以说，HTML 文件就是由各种 HTML 元素和标签组成的。

一个 HTML 文件的基本结构如下：

```
<html>文件开始标记
    <head>文件头开始的标记
    ......文件头的内容
    </head>文件头结束的标记
    <body>文件主体开始的标记
```

......文件主体的内容

           `</body>`文件主体结束的标记

`</html>`文件结束标记

从上面的代码结构可以看出，在 HTML 文件中，所有的标记都是相对应的，开头标记为<>，结束标记为</>，在这两个标记中间添加内容。

有了标记作为文件的主干后，HTML 文件中便可添加属性、数值、嵌套结构等各种类型的内容了。

7.1.3 HTML 的标记

既然 HTML 是超文本标记语言，那么可以想象其构成主要是通过各种标记来标示和排列各对象，通常由尖括号 "<"、">" 以及其中所包容的标记元素组成。例如，`<head>`与`</head>`就是一对标记，称为文件的头部标记，用来记录文档的相关信息。

HTML 定义了 3 种标记用于描述页面的整体结构。页面结构标记不影响页面的显示效果，它们是帮助 HTML 工具对 HTML 文件进行解释和过滤的。

`<html>`标记：HTML 文档的第 1 个标记，它通知客户端该文档是 HTML 文档，类似地，结束标记`</html>`出现在 HTML 文档的尾部。

`<head>`标记：出现在文档的起始部分，标明文档的头部信息，一般包括标题和主题信息，其结束标记`</head>`指明文档标题部分的结束。

`<body>`标记：用来指明文档的主体区域，该部分通常包括其他字符串，例如标题、段落、列表等。读者可以把 HTML 文档的主体区域简单地理解成标题以外的所有部分，其结束标记`</body>`指明主体区域的结尾。

在 HTML 中，几乎所有的标记都是成对出现的，而结束标记总是在开始标记前增加一个 "/"。标记与标记之间还可以嵌套，也可以放置各种属性。此外在源文件中，标记是不区分大小写的，因此在 HTML 源程序中，`<Head>`与`<HEAD>`的写法都是正确的。而且其含义是相同的。

标记常用的形式有以下几种。

（1）单标记。

某些标记称为 "单标记"，因为它只需要单独使用就能表达意思，这类标记的语法是：

`<标记名称>`

最常用的单标记是`<br>`，它表示换行。

（2）双标记。

另一类标记称为 "双标记"，它由 "始标记" 和 "尾标记" 两部分构成，必须成对使用。其中始标记告诉 Web 浏览器从此处开始执行该标记所表示的功能，而尾标记告诉 Web 浏览器在这里结束该功能。始标记前加一斜杠(/)即称为尾标记。这类标记的语法是：

`<标记>内容</标记>`

其中，"内容" 就是要被这对标记施加作用的部分。如果想突出显示某段文字，可将此段文字放在 `<strong >`和`</strong>`标记中，如：

`<strong>第一</strong >`

可使 "第一" 两字显示为加粗字形，达到突出显示的效果。

（3）标记属性。

许多单标记和双标记的始标记内可以包含一些属性，其语法是：

<标记名称 属性1=属性值1 属性2=属性值2　属性3=属性值3...>

各属性之间无先后顺序，属性也可以省略（即默认值），例如：单标记<hr>表示在文档当前位置画一条水平线（horizontal rule），一般是从窗口当前行的最左端一直到最右端。包含属性的标记为：

<body bgcolor="#000000" leftmargin="0" topmargin="0" >

其中，bgcolor属性表示背景颜色，leftmargin和topmargin分别表示左边距和上边距。

7.2　<head>与<body>标签

7.2.1　<head>标签

<head>标签用来封装其他位于文档头部的标签。把该标签放在文档的开始处，紧跟在<html>标签后面，并处于<body>标签或<frameset>标签之前。不论是<head>标签还是相应的结束标签</head>，都可以清楚地被浏览器推断出来。<head>标签中包含文档的标题，文档使用的脚本、样式定义和文档名信息。并不是所有浏览器都有这个标签，但大多数浏览器都希望在<head>标签中找到关于文档的附加信息。此外，<head>标签还可以包含搜索工具和索引所要的其他信息的标签。

通过标签定义文档的头部。

head区是指首页html代码的<head>和</head>之间的内容，是必须加入的标签。

1. 注释

<!--- 版权所有：淮安市维达科技有限公司--->

2. 网页显示字符集

简体中文：<meta http-equiv="Content-Type" content="text/html; charset=gb_2312" />

3. 网页制作者信息

<meta name="author" content="李四">

4. 网站简介

<meta name="description" content="电子屏幕制作专家">

5. 搜索关键字

<meta name="keywords" content="LED，字幕屏，控制卡">

6. 网页的css规范

<link href="style/style.css" rel="stylesheet" type="text/css">

7. 网页标题

```
<title>欢迎访问淮安市维达科技有限公司！</title>
```

8. 自动跳转

```
<meta http-equiv="refresh" content="2;url=http://www.baidu.com">
```

9. 调用 Javascript

```
<Sscirpt language="javascript" src="menux.js"></Sscirpt >
```

7.2.2　<body>标签

<body>标签界定了文档的主体。<body>标签和其结束标签</body>之间的所有部分都称为主体内容。HTML 的主体标签是<body>，在<body>与</body>中放置的是页面中的所有内容，如文字、图片、链接、表格、表单等。<body>标签有很多自身的属性，如定义页面文字的颜色、背景的颜色、背景图片等，如表 7-1 所示。

表 7-1　　　　　　　　　　　　　　　　　<body>标签的属性

属　　性	描　　述
text	设置页面文字颜色
bgcolor	设置页面的背景颜色
link	设置页面默认超链接的颜色
alink	设置鼠标单击时超链接的颜色
vlink	设置访问过的超链接的颜色
background	设置页面的背景图片
bgproperties	设置页面背景图片为固定，不随页面滚动
topmargin	设置页面上边距
leftmargin	设置页面左边距
bottommargin	设置页面下边距
rightmargin	设置页面右边距

7.3　文字段落与多媒体元素

7.3.1　文字段落相关标记

常用的文字与段落标记有以下几种。

1. 标题标记<hn>

通常，文章都有标题、副标题、章和节等结构，HTML 中也提供了相应的标题标记<hn>，其中 n 为标题的等级，HTML 共提供 6 个等级的标题，n 越小，标题字号就越大，下面列出一级、二级、三级和四级标题。

<h1>...</h1>	第一级标题
<h2>...</h2>	第二级标题
<h3>...</h3>	第三级标题
<h4>...</h4>	第四级标题

2. 换行

在编写 HTML 文件时，不必考虑太细致的设置，也不必理会段落过长的部分是否会被浏览器切掉。因为，在 HTML 语言规范里，每当浏览器窗口被缩小时，浏览器会自动将右边的文字转折至下一行。但是，编写者要想自己换行，应在需要换行的地方加上
标记。

3. 段落标记<p>

为了排列的整齐、清晰，在文字段落之间常用<p></p>来做标记。文件段落的开始由<p>来标记，段落的结束由</p>来结束标记，</p>是可以省略的，因为下一个<p>的开始就意味着上一个<p>的结束。

<p>标记还有一个属性 align，它是用来指明字符显示时的对齐方式，属性值由 left、center、right 三种，即左对齐、居中对齐和右对齐，<p>标签的属性如表 7-2 所示。

表 7-2   <p>标签的属性及说明

属　性	说　明
id	文档的识别标识
class	文本的样式控制类
dir	文字方向
title	标题
style	行内样式信息
align	段落对齐方式

4. 文字的字体和样式

HTML 提供了定义字体的功能，用 face 属性来完成此功能。face 的属性值可以是本机上的任意字体类型，但有一点要注意的是，只有对方的电脑中装有相同的字体才可以在浏览器中正常显示。设置 face 属性的方法是：<font face= "字体名称">。<font>标签的属性如表 7-3 所示。

表 7-3   <font>标签的属性及说明

属　性	说　明
color	字体颜色
face	字体名称
size	字体大小

为了让文字富有变化，或者为了着重强调某一部分，HTML 提供了一些标记来实现这些效果，表 7-4 列出了常用的标记。

表 7-4　　　　　　　　　　　　　　　font 相关标记

属　　性	说　　明	示　　例
<B>…</B>	粗体	**HTML 文本示例**
<I>…</I>	斜体	*HTML 文本示例*
<U>…</U >	加下划线	<u>HTML 文本示例</u>
<EM>…</EM>	表示强调，一般为斜体	*HTML 文本示例*
…	表示强调，一般为粗体	**HTML 文本示例**

5.　水平分隔线标签<hr>

<hr>标签是单独使用的标签，是水平线标签，用于段落与段落之间的分隔，使文档结构清晰明了，使文字的编排更整齐。通过设置<hr>标签的属性值，可以控制水平分隔线的样式。具体属性及其说明如表 7-5 所示。

表 7-5　　　　　　　　　　　　　　　<hr>标签的属性

属性	参数	功能	单位	默认值
size		设置水平分隔线的粗细	pixel（像素）	2
width		设置水平分隔线的宽度	pixel（像素）、%	100%
align	left center right	设置水平分隔线的对齐方式		center
color		设置水平分隔线的颜色		black
noshade		设置水平分隔线的 3D 阴影		

6.　特殊字符

在 HTML 文档中，有些字符无法直接显示出来，例如"©"。使用特殊字符可以将键盘上没有的字符表达出来，而有些 HTML 文档的特殊字符（如"<"等）在键盘上虽然可以得到，但浏览器在解析 HTML 文档时会报错，为防止代码混淆，必须用一些代码来表示它们，可以用字符代码来表示，也可以用数字代码来表示，HTML 常见特殊字符及代码如表 7-6 所示。

表 7-6　　　　　　　　　　　　HTML 常见特殊字符及其代码

特殊字符	字符代码	数字代码
<	&lt;	&#60;
>	&gt;	&#62;
&	&amp;	&#38;

续表

特殊字符	字符代码	数字代码
"	&quot;	&#34;
©	&copy;	&#169;
®	&reg;	&#174;
空格		

7.3.2　网页中插入图片标签<img>

网页中插入图片用单标签<img>，当浏览器读取到<img>标签时，就会显示此标签所设定的图像。如果要对插入的图片进行修饰，仅用这一个属性是不够的，还要配合其他属性来完成，<img>标签属性如表7-7所示。

表 7-7　　　　　　　　　　　　　　　　<img>标签属性

属　性	描　　述
src	图像的 URL 的路径
alt	提示文字
width	宽度，通常只设为图片的真实大小以免失真
height	高度，通常只设为图片的真实大小以免失真
align	图像和文字之间的对齐方式值可以是 top、middle、bottom、left、right
border	边框
hspace	水平间距
vlign	垂直间距

7.3.3　播放音频与视频

HTML 可以让音乐自动载入，让它出现控制面板或作为背景音乐来使用。基本语法为：<embed src="音乐或视频文件地址">，其中各种属性如表7-8所示。

表 7-8　　　　　　　　　　　　　　　载入音乐或视频标记各属性含义

属　性	含　　义
src="filename"	设定音乐文件路径
autostart=true/false	是否要音乐或视频文件传送完就自动播放，true 表示要，false 表示不要，默认为 false
loop=true/false	设定播放重复次数，loop=6 表示重复 6 次，true 表示无限次播放，false 表示播放一次即停止
starttime="分：秒"	设定乐曲的开始播放时间，如 20 秒后播放可写为 starttime=00:20

属　性	含　义
volume=0~100	设定音量的大小，默认设置为系统的音量
width height	设置控制面板的大小
hidden=true	隐藏控制面板
controls=console/smallconsole	设定控制面板的样式

7.4　列表

7.4.1　无序列表<ul>

无序列表使用的一对标签是<ul></ul>，无序列表指没有进行编号的列表，每一个列表项前使用<li>。<li>的属性 type 有三个选项：disc：实心圆；circle：空心圆；square：小方块。

<ul>如果不使用其项目<li>的属性值，默认情况下的<ul>会加"实心圆"。

实例代码：

```
<ul>
<li type=disc>第一项
<li type=circle>第二项
<li type=square>第三项
</ul>
```

7.4.2　有序列表<ol>

有序列表和无序列表的使用格式基本相同，它使用标签<ol></ol>，每一个列表项前使用<li>。<ol>列表的结果是带有前后顺序之分的编号。如果插入和删除一个列表项，编号会自动调整。

顺序编号的设置是由<ol>的两个属性 type 和 start 来完成的。start=编号开始的数字，如 start=2则编号从 2 开始，如果从 1 开始可以缺省，或是在<li>标签中设定 value= "n "改变列表行项目的特定编号，例如<li value= "7">。type=用于编号的数字、字母的类型，如 type=a，则编号用英文字母。为了使用这些属性，把它们放在<ol>或<li>的初始标签中，有序列表 type 的属性如表 7-9 所示。

表 7-9　　　　　　　　　　　　　　　　有序列表 type 的属性

type 类型	描　述
type=1	表示列表项目用数字标号（1,2,3…）
type=A	表示列表项目用大写字母标号（A,B,C…）
type=a	表示列表项目用小写字母标号（a,b,c…）
type= Ⅰ	表示列表项目用大写罗马数字标号（Ⅰ,Ⅱ,Ⅲ…）
type= i	表示列表项目用小写罗马数字标号（ⅰ,ⅱ,ⅲ…）

基本语法：

```
<ol type=编号类型 start=value>
    <li>第一项
    <li>第二项
    <li>第三项
</ol>
```

7.4.3 嵌套列表

将一个列表嵌入到另一个列表中，作为另一个列表的一部分，称为嵌套列表。无论是有序列表的嵌套还是无序列表的嵌套，浏览器都可以自动分层排列。

实例代码如下。

```
<html>
<head>
<title>嵌套列表</title>
</head>
<body>
 <ul type=square>
    <li>图像设计软件</li>
        <ol>
            <li>Photoshop</li>
            <li>Illustrator</li>
            <li>Freehand</li>
        </ol>
    <li>网页制作软件</li>
    <li>动画制作软件</li>
        <ol>
            <li>Flash</li>
            <li>LiveMotion</li>
        </ol>
 </ul>
</body>
</html>
```

页面效果如图 7-1 所示。

图 7-1 嵌套列表

7.5 表格

在网页中，表格是一种很常见的对象，通过表格可以使要表达的内容简洁明了，下面介绍如何使用 HTML 语言实现表格的制作。

7.5.1 表格的基本结构

用 HTML 语言制作表格的基本结构如下所示。

`<table>...</table>`定义表格

`<caption>...</caption>`定义标题

`<tr>...</tr>`定义表行

`<th>...</th>`定义表头

`<td>...</td>`定义表元（表格的具体数据）

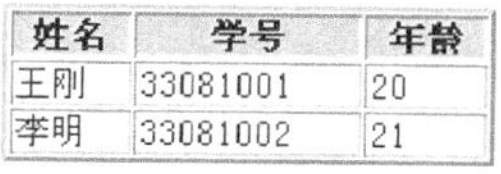

表格`<table>`的属性如表 7-10 所示。

表 7-10 　　　　　　　　　　　　　　　`<table>`标志属性

属　　性	用　　途
bgcolor	设置表格的背景色
border	设置边框的宽度，若不设置此属性，默认值为 0
bordercolor	设置边框的颜色
bordercolorlight	设置边框明亮部分的颜色（border 的值大于等于 1 时才有用）
bordercolordark	设置边框昏暗部分的颜色（border 的值大于等于 1 时才有用）
cellspacing	设置表格单元格之间的空间大小
cellpadding	设置表格的单元格边框与其内部内容之间的空间大小
width	设置表格的宽度，单位用绝对像素值或总宽度的百分比

构建一个简单的表格实例代码如下。

```
<table width="180" border="2" cellpadding="1" cellspacing="1">
  <tr bgcolor="#CCCCCC"> <th>姓名</th> <th>学号</th><th>年龄</th> </tr>
  <tr> <td>王刚</td> <td>33081001</td> <td>20</td></tr>
  <tr> <td>李明</td> <td>33081002</td> <td>21</td></tr>
</table>
```

显示效果如图 7-2 所示。

`<tr></tr>`标记对用来创建表格中的行。此标记必须放在`<table></table>`标记对之间使用。`<td></td>`标记对用来创建表格中每行中的单元格，此标记对只有放在`<tr></tr>`标记对之间才有效，输入的文本只有在`<td></td>`标记对中才能够显示出来。`<table></table>`、`<tr></tr>`、`<td></td>`标记对的关系如表 7-11 所示。

图 7-2　表格的浏览效果

表 7-11 　　　　　　　`<table></table>`、`<tr></tr>`、`<td></td>`标记对的关系

标　　志	用　　途
`<table>`	最外层，创建一个表格
`<tr>`	创建一行

标　志	用　途
<td>要输入的文本只能放在此处</td> <td>要输入的文本只能放在此处</td>	创建一个单元格（这里总共创建了两个单元格）
</tr>	行末尾
</table>	最外层，表格结束

7.5.2　表格的尺寸设置

一般情况下，表格的总长度和总宽度是根据各行和各列的总和自动调整的，如果要直接固定表格的大小，HTML 代码为：

```
<table width="n1" height="n2">
```

width 和 height 属性分别制定表格固定的宽度和高度，n1 和 n2 可以用像素来表示，也可以用百分比来表示。

一个宽为 200 像素、高为 100 像素的表格代码表示为<table width="200" height="100">。

一个宽为 20%，高为 10%的表格，代码为<table width="20%" height="10%">。

7.5.3　表格内文字的对齐与合并

表格中数据的排列方式有两种，分别是左右排列和上下排列。左右排列是用 align 属性来设置，而上下排列则由 valign 属性来设置，左右排列的位置可分为 3 种：居左(left)、居中(center)、居右(right)；而上下排列基本上比较常用的有 4 种：上齐（top）、居中（center）、下齐（bottom）和基线（baseline）。

设置<td>标签的 colspan 属性用来设置表格的单元格跨占的列数（默认值为 1）。

设置<td>标签的 rowspan 属性用来设置表格的单元格跨占的行数（默认值为 1）。

单元格合并的实例代码如下。

```
<table width="327" border="1">
  <tr>
    <td width="76" rowspan="2">学生</td>
    <td width="69">姓名</td>
    <td width="79">学号</td>
    <td width="75" rowspan="2">共青团员</td>
  </tr> <tr>
    <td>王刚</td>
    <td>33081001</td>
  </tr>
</table>
```

浏览效果如图 7-3 所示。

图 7-3　表格合并的显示效果

7.6　超链接

超链接是网页互相联系的桥梁，超链接可以看做是一个"热点"，它可以从当前网页定义的位置跳转到其他位置，包括当前页的某个位置、Internet、本地硬盘或局域网上其他文件、甚至跳转到声音、图像等多媒体文件。

根据超链接目标文件的不同，超链接可分为页面超链接、锚点超链接、电子邮件超链接等；根据超链接单击对象的不同，超链接可分为文字超链接、图像超链接、图像映射等。

7.6.1　创建内部超链接

在创建内部超链接时，根据目录文件与当前文件的目录关系，有 4 种写法。注意，应该尽量采用相对路径。

1．链接到同一目录中的网页文件

目标文件名是链接所指向的文件。链接到同一目录内的网页文件的格式为：
```
<a href="目标文件名.html">热点对象</a>
```

2．链接到下一级目录中的网页文件

链接到下一级目录中网页文件的格式为：
```
<a herf="子目录名/目标文件名.html">热点对象</a>
```

3．链接到上一级目录中的网页文件

链接到上一级目录中网页文件的格式为：
```
<a herf="../目标文件名.html">热点对象 </a>
```

4．链接到同级目录中的网页文件

链接到同级目录中网页文件的格式为：
```
<a href="../子目录名/目标文件名.html">热点对象</a>
```
表示先退到上一级目录中，然后再进入到目标文件所在的目录。

7.6.2　创建文字超链接

可以使用"属性"面板的文件夹图标或超链接文本框创建从文字到其他文档的链接。创建文字超链接的方法如下。

（1）在"文档"窗口的设计视图中选择文字。

（2）打开"属性"面板，然后执行下列操作之一。

➢　单击"链接"文本框右侧图标▭，浏览并定位一个超链接文件。

➢　在"链接"文本框中输入文档的路径和文件名。

> 使用"指向文件"按钮 ⊕ ，将超链接目标指向"文件"面板中的页面。

7.6.3 创建图片超链接

图片超链接有两种形式，即整个图像的图像超链接和图像局部区域的图像热点超链接。

1. 图像超链接

如果创建的是整个图像超链接，其方法大致和创建文字超链接一致，区别在于选中的超链接热点对象从原来的文字改变为图像。选择图像后，在"属性"面板中设置超链接的方法和创建文字超链接的方法完全一样。

2. 图像热点超链接

图像热点也叫图像地图或图像映射，是指在一幅图像中定义若干个区域（这些区域被称为热点），每个区域中指定一个不同的超链接，当单击不同区域时可以跳转到相应的目标页面。

创建图像热点超链接的方法如下。

（1）单击图像，此时"属性"面板上显示的是图像的属性。单击"属性"面板左下方的"地图"项，用来制作热点，如图 7-4 所示。

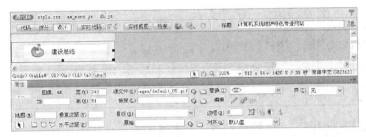

图 7-4 图像的属性及热区工具

（2）用户可以根据需要创建矩形、圆形和多边形热点，方法如下。

单击 □ 图标可以创建矩形热点，单击 ○ 图标可以创建圆形热点，单击 ♡ 图标可以创建多边形热点。

（3）单击 □ 图标在图像上绘制一个矩形热点，选中矩形热点，在"属性"面板中设置链接文件，链接目标和替换文本，如图 7-5 所示。

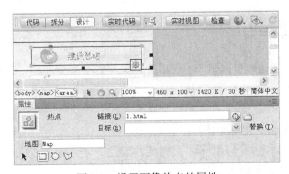

图 7-5 设置图像热点的属性

重复以上的步骤，可以定义该图像地图中的其他热点。

7.7　插入表单

表单是 HTML 的一个重要组成部分，一般来说，网页通常会通过"表单"形式供浏览者输入数据，然后将表单数据返回服务器，以备登录或查询之用。

表单可以提供输入的界面，供浏览者输入数据，常见的应用有 Web 搜索、问卷调查、注册用户、在线订购等。

7.7.1　表单的定义

表单是页面上的一块特定区域，这块区域有一对<form>标签定义，这一步有两方面作用：一方面，限定表单的范围，其他表单对象都要插入表单之中，单击"提交"按钮时，提交到服务器的也就是表单范围之内的内容；另一方面，携带表单的相关信息，如服务器端处理表单的脚本的程序位置，提交表单的方法，这些信息浏览者是看不到的，但是对于处理表单却有着重要的作用，具体定义方法如下。

<form>表单标记，该标记的主要作用是设定表单的起始位置，并指定处理表单数据程序的 URL 地址，表单所包含的控件就在<form>与</form>之间定义。

基本语法：

<form action=url method=get/post name=value>…</form>

语法解释：

用户填入表单的信息总是需要程序进行处理，表单里的 action 就指明了处理表单信息的文件。

至于 method，表示了发送表达信息的方式。method 有两个值：get 和 post。get 的方式是将表单控件的 name/value 信息经过编码之后，通过 URL 发送（可以在地址栏中看到）。而 post 则将表表单的内容通过 http 发送，在地址栏中看不到表单的提交信息。那什么时候使用 get，什么时候使用 post 呢？一般是这样来判断，如果只是取得和显示数据，用 get；一旦涉及数据的保密和更新，那么建议使用 post。

7.7.2　表单控件

通过 HTML 表单的各种控件，用户可以输入文字信息，或者从选项中选择，以及做提交的操作。表单常用控件如表 7-12 所示。

表 7-12　　　　　　　表单常用控件

属　性	说　明
input type="text"	单行文本输入框
input type="password"	密码输入框（输入的文字用*表示）
input type="radio"	单选框
input type="checkbox"	复选框

续表

属　性	说　明
select	列表框
textarea	多行文本输入框
input type="submit"	将表单内容提交给服务器的按钮
input type="reset"	将表单内容全部清除，重新填写的按钮

以上类型的输入区域有一个公共的属性 name，此属性给每一个输入区域一个名字。这个名字与输入区域是一一对应的，即一个输入区域对应一个名字。服务器就是通过调用某一输入区域的名字的 value 值来获取该区域的数据的。而 value 属性是另一个公共属性，它可以用来指定输入区域的默认值。

基本语法：

```
<input 属性1 属性2...>
```

常用属性：

➢ name：控件名称

➢ type：控件的类型，如 radio、text 等

➢ align：指定对齐方式，可取 top、bottom、middle

➢ size：指定控件的宽度

➢ value：用于设定输入默认值

➢ maxlength：在单行文本的时候允许输入的最大字符数

➢ src：插入图像的地址

1. 单行文本输入框（input type="text"）

单行文本输入框允许用户输入一些简短的单行信息，如用户姓名。

基本语法：

```
<input type="text" name="field_name" maxlength="value" size="value" value="field_value">
```

这些属性的含义如表 7-13 所示。

表 7-13　　　　　　　　　　　　　　　　文字输入控件属性

属　性	说　明
name	文字输入控件的名称
size	文字输入控件的显示宽度
maxlength	文字输入控件的最大输入长度
value	文字输入控件的默认值

2. 密码输入框（input type="password"）

密码输入框主要用于保密信息的输入，如密码。因为用户输入的时候，显示的不是输入的内容，而是*。

基本语法：

```
<input type="password" name="field_name" maxlength="value" size="value">
```

3. 单选框（input type="radio"）

用户填写表单时，有一些内容可以通过让浏览者做出选择的形式来实现，如常见的网上调查，首先提出若干问题，然后让浏览者在若干个选项中做出选择。选择控件通常分为两种，单选框和复选框。使用单选框，让用户在一组选项里只能选择一个，选项以一个圆框表示。

基本语法：

```
<input type="radio" name="field_name" value="value" checked>
```

4. 复选框（input type="checkbox"）

复选框允许用户在一组选项中选择多个，用 checked 表示默认已选的项。

基本语法：

```
<input type="checkbox" name="field_name" value="value" checked>
```

5. 列表框（select）

下拉列表框是一种最节省空间的方式，正常状态下只能看到一个选项，单击下拉按钮打开列表后才能看到全部选项。

列表框可以显示一定数量的选项，如果超出了这个数量，会自动出现滚动条，浏览者可以通过拖曳滚动条来查看各选项。

通过<select>和<option>标签可以设计页面中的下拉列表框和列表框效果。

基本语法：

```
<select name="name" size="value" multiple>
  <option value="value" selected>选项 1</option>
  <option value="value" >选项 2</option>
  …
</select>
```

这些属性的含义如表 7-14 所示。

表 7-14　　　　　　　　　　列表框标签的属性

属　性	说　　明
name	菜单和列表的名称
size	显示选项的数目，当 size 为 1 时，为下拉列表框控件
multiple	列表中的项目多选，用户用<Ctrl>键来实现多选
value	选项值
selected	默认选项

6. 多行文本输入框（textarea）

多行文本输入框（textarea）主要用于输入较长的文本信息。

基本语法：

```
<textarea name="textfield" cols="value" rows="value" value="value">
…
</textarea>
```

这些属性的含义如表 7-15 所示。

表 7-15   多行文本输入框的属性

属　性	说　明
name	多行输入框的名称
cols	多行输入框的列数
rows	多行输入框的行数
value	多行输入框的默认值

7. 普通按钮

表单中按钮起着至关重要的作用，按钮可以触发提交表单的动作，也可以在用户需要的时候将表单恢复到初始状态，还可以根据程序的需要，发挥其他作用。

表单中的按钮分为三类：普通按钮、提交按钮、重置按钮，其中普通按钮本身没有指定特定的动作，需要配合 JavaScript 脚本来进行表单处理。

基本语法：

```
<input type="button" name="value" id="button" value="value">
```

语法解释：

value 的值代表显示在按钮上面的文字。

8. 提交按钮

通过提交按钮可以将表单中的信息提交给表单中的 action 所指向的文件。

基本语法：

```
<input type="submit" name="value" id="button" value="提交">
```

语法解释：

单击提交按钮时，可以实现表单的提交。value 的值代表显示在按钮上面的文字。

9. 图片式提交按钮（input type="image"）

使用传统的按钮形式往往会让人感觉单调，如果网页使用丰富的色彩或稍微复杂的设计，再使用传统的按钮形式，就会影响整体美感。这时，可以使用图片式提交按钮创建与网页整体效果统一的图片提交按钮。图片提交按钮是指可以在提交按钮位置上放置图片，这幅图片具有提交按钮的功能。

基本语法：

```
<input type="image"  src="图片路径" value="提交" name="value">
```

语法解释：

type="image"相当于 input type="submit"，不同的是，input type="images"以一个图片作为表单的按钮；src 属性表示图片的路径；alt 属性表示鼠标在图片上悬停时显示的说明文字；name 为按钮名称。

10.　重置按钮（input type="reset"）

通过重置按钮将表单内容全部清除，恢复成默认的表单内容设定，重新填写。

基本语法：

```
<input type="reset" value="重置">
```

语法解释：

value 用于按钮上的说明文字。

7.8　框架的使用

框架实际上有两部分组成，即框架集与框架。由于框架集在文档中仅定义了框架的结构、数量、尺寸及装入框架的页面文件，因此，框架集并不显示在浏览器中，它只是存储了一些框架如何显示的信息。

所有的框架标记要放在一个 HTML 文档中，HTML 页面的标签<body>被框架集标签<frameset>所取代，然后通过<frameset>的子窗口标签<frame>定义每一个子窗口和子窗口页面属性。

基本语法：

```
<html>
<head>
</head>
<frameset>
    <frame src="url 地址 1" name="leftFrame" >
    <frame src="url 地址 2" name="mainFrame" >
    ...
</frameset>
</html>
```

语法解释：

frame 子框架的 src 属性的每个 URL 值指定了一个 HTML 文件(这个文件必须事先做好地址，地址路径可使用绝对路径或相对路径，这个文件将载入相应的窗口中)。

框架结构可以根据框架集标签<frameset>的分割属性分为三种：左右分割窗口、上下分割窗口、嵌套分割窗口。

7.8.1　框架集

框架集<frameset>的常用属性如表 7-16 所示。

表 7-16　　　　　　　　　　　　　　　　<frameset>常用属性

属　　性	说　　明
border	设置边框粗细，默认为 5 像素
bordercolor	设置边框颜色
frameborder	指定是否显示边框："0"代表不显示边框，"1"代表显示边框

续表

属 性	说 明
cols	用"像素数"和"%"分割左右窗口，"*"表示剩余部分
rows	用"像素数"和"%"分割上下窗口，"*"表示剩余部分
framespacing	表示框架与框架间的保留空白的距离
noresize	设置框架不能调节大小，只要设定了前面的，后面的将继承

1. 左右分割窗口属性 cols

如果想要在水平方向将浏览器分割为多个窗口，需要用到框架集的左右分割窗口属性 cols。分割几个窗口其 cols 属性的值就有几个，值的定义为宽，可以是数字（单位为像素），也可以是百分比和剩余值。各值之间用逗号分开。其中剩余值用"*"号表示，剩余值表示所有窗口设定之后的剩余部分，当"*"只出现一次时，表示该子窗口的大小将根据浏览器窗口的大小自动调整，当"*"出现一次以上时，表示按比例分割剩余的窗口空间。cols 的默认值为一个窗口。

例如：

```
<frameset cols="40%,2*,*">   将窗口分为 40%，40%，20%
<frameset cols="100,*,*">    将 100 像素以外的两个窗口平均分配
<frameset cols="*,*,*">      将窗口分为三等份
```

2. 上下分割窗口属性 rows

上下分割窗口的属性设置和左右分割窗口的属性设置是一样的，参照上面所述即可。

7.8.2 子窗口<frame>标签的设定

<frame>是个标签，<frame>标签要放在框架集<frameset>中，<frameset>设置了几个子窗口就必须对应几个<frame>标签，而且每一个<frame>标签内还必须设定一个网页文件（src="*.html"），<frame>标签常用属性如表 7-17 所示。

表 7-17   <frame>常用属性

属 性	说 明
src	指示加载的 url 文件地址
bordercolor	设置边框颜色
frameborder	指定是否显示边框："0"代表不显示边框，"1"代表显示边框
border	设置边框粗细
name	指示框架名称，是链接标记的 target 所要的参数
noresize	指示不能调整窗口的大小，省略此项时可调整
scrolling	指示是否要滚动条，auto 根据需要自动出现，yes 有，no 无
marginwidth	设置内容与窗口左右边缘的距离，默认值为 1

续表

属　性	说　明
marginheight	设置内容与窗口上下边缘的边距，默认值为 1
width	框窗的宽及高，默认为 width="100" height="100"
align	可选值为 left、right、top、middle、bottom

子窗口的排列遵循从左到右、从上到下的次序。

7.9　实例 1：现代教育技术中心网站 HTML 编辑

7.9.1　实例设计思路

整体风格以橙色的渐变为背景，主体颜色以橙色和黑色、白色、灰色搭配，局部使用草绿色。网站采用虚线对各个模块实现划分，使整个网站格调清晰、明朗。

色彩设计与布局设计草图如图 7-6 所示。

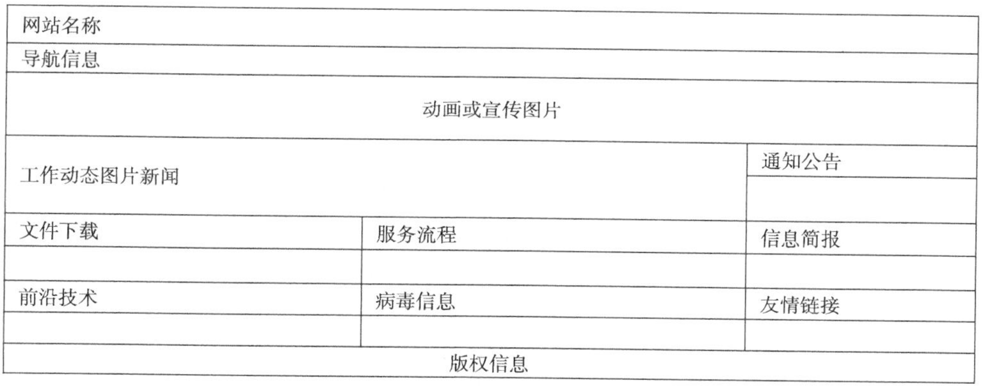

网站名称		
导航信息		
动画或宣传图片		
工作动态图片新闻		通知公告
文件下载	服务流程	信息简报
前沿技术	病毒信息	友情链接
版权信息		

图 7-6　现代教育技术中心网站界面设计草图

7.9.2　实例实施过程

网站 index.html 页面的 HTML 编写如下所示。

（1）新建网页文件 index.html，编写框架代码（并设置背景图片和左边距与上边距为 0）：

```
<html>
<head>
<meta http-equiv="Content-Type" content="text/html; charset=gb2312"/>
<title>欢迎访问现代教育技术中心网站! </title>
</head>
<body background="images/bg.jpg" leftmargin="0" topmargin="0">
</body>
</html>
```

（2）编写页眉部分的代码，编写 2 行 8 列的表格代码，然后将第 1 与 2 行的第 1 个单元格合并，将第2行其余7个单元格各并，设置单元格的宽度与高度，插入相应的图片与文本，代码如下。

```html
<table width="776" height="86" border="0" align="center" cellpadding="0" cellspacing="0">
  <tr bgcolor="#FFFFFF">
    <td width="296" rowspan="2"><img src="images/top1.jpg" width="296" height="86"></td>
    <td width="192" height="34" bgcolor="#FFFFFF"> </td>
    <td width="36"><img src="images/top11.jpg" width="36" height="34"></td>
    <td width="60"><div align="center">学院主页</div></td>
    <td width="36"><img src="images/top12.jpg" width="36" height="34"></td>
    <td width="60"><div align="center">教务在线</div></td>
    <td width="36" ><img src="images/top13.jpg" width="36" height="34"></td>
    <td width="60"><div align="center">联系我们</div></td>
  </tr>
  <tr>
    <td height="52" colspan="7"><img src="images/top2.jpg" width="480" height="52"></td>
  </tr>
</table>
```

保存后预览的效果如图7-7所示。

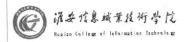

图 7-7　页眉预览的效果

（3）编写网页的导航代码，编写1行8列的表格，设置属性，代码如下。

```html
<table width="776" height="31" border="0" align="center" cellpadding="0" cellspacing="0" background="images/dhbg.jpg">
  <tr>
    <td width="84"><div align="center">网站首页</div></td>
    <td width="84"><div align="center">组织机构</div></td>
    <td width="84"><div align="center">工作职责</div></td>
    <td width="84"><div align="center">工作动态</div></td>
    <td width="84"><div align="center">信息简报</div></td>
    <td width="84"><div align="center">服务流程</div></td>
    <td width="84"><div align="center">他山之石</div></td>
    <td><div align="center" class="pg">离学院评估还有 200 天</div></td>
  </tr>
</table>
```

保存后预览导航的效果如图7-8所示。

图 7-8　导航预览的效果

（4）编写 HTML 代码，插入1行1列的表格，然后设置表格的属性，在单元格<td></td>中编写插入图片的代码，整个代码如下。

```html
<table width="776" border="0" align="center" cellpadding="0" cellspacing="0">
  <tr>
    <td height="3" bgcolor="D15B03"><img src="images/spacer.gif" width="1" height="1"></td>
  </tr>
</table>
```

保存后预览的效果如图 7-9 所示。

图 7-9　插入图片后的预览效果

（5）编写"工作动态"与"公告通知"两个栏目，代码如下（使用了表格的嵌套结构）。

```
<table width="776" height="200" border="0" align="center" cellpadding="0" cellspacing="0">
  <tr valign="top">
    <td width="590" bgcolor="#FFFFFF">
        <table width="590" border="0" cellspacing="0" cellpadding="0">
        <tr>
          <td colspan="2"><img src="images/left1.jpg" width="590" height="26"></td>
        </tr>
        <tr>
          <td width="242" align="center" valign="middle"> </td>
          <td width="348" height="172" valign="top"> </td>
        </tr>
      </table>
</td>
<td width="186" background="images/rightbg.jpg" bgcolor="#FFFFFF">
    <table width="186" border="0" cellspacing="0" cellpadding="0">
        <tr>
          <td height="26" colspan="3"><img src="images/right1.jpg" width="186" height=
"26"></td>
        </tr>
        <tr>
          <td height="150"> </td>
          <td width="170" height="150" valign="middle"> </td>
          <td height="150"> </td>
        </tr>
        <tr>
          <td> </td>
          <td>
          <div align="right"><img src="images/more.jpg" width="40" height="18"></div></td>
            <td> </td>
        </tr>
      </table>
    </td>
  </tr>
</table>
```

保存后预览工作动态与公告通知的布局的效果如图 7-10 所示。

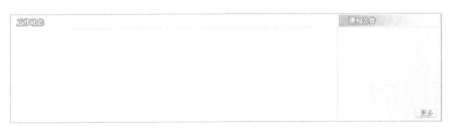

图 7-10　插入"工作动态"与"公告通知"后预览的效果

（6）继续编写"文件下载"、"服务流程"、"信息简报"模块，代码如下。

```
<table width="776" border="0" align="center" cellpadding="0" cellspacing="0">
  <tr valign="top">
    <td width="300" bgcolor="#FFFFFF">
     <table width="300" border="0" cellspacing="0" cellpadding="0">
      <tr>
        <td height="29" background="images/midleft.jpg"> </td>
      </tr>
      <tr>
        <td height="160"> </td>
      </tr>
     </table>
    </td>
    <td width="290" bgcolor="#FFFFFF">
     <table width="290" border="0" cellspacing="0" cellpadding="0">
      <tr>
        <td height="29" background="images/midright.jpg"> </td>
      </tr>
      <tr>
        <td height="160" background="images/midbg.jpg"> </td>
      </tr>
     </table>
    </td>
    <td width="186" background="images/rightbg.jpg" bgcolor="#FFFFFF">
    <img src="images/rightmid.jpg" width="186" height="29">
    </td>
  </tr>
</table>
```

保存后预览"文件下载"、"服务流程"、"信息简报"的布局效果如图 7-11 所示。

图 7-11　插入"文件下载"、"服务流程"、"信息简报"后预览的效果

（7）采用同样的方法编写 HTML 代码完成"前沿技术"、"病毒信息"、"友情链接"栏目。

（8）编写 HTML 代码完成"页脚"。

```
<table width="776" border="0" align="center" cellpadding="0" cellspacing="0">
  <tr>
    <td height="1" bgcolor="828181"> <img src="images/spacer.gif" width="1" height="1"></td>
  </tr>
  <tr>
    <td height="100" bgcolor="#FFFFFF">
    <div align="center">
    版权所有：　淮安信息职业技术学院<BR>
    校址:江苏省淮安市枚乘东路 3#　邮编:223003<br>
    建议使用 IE5.5 以上版本浏览器 1024*768 分辨率访问<br>
    </div>
    </td>
```

```
  </tr>
</table>
```

（9）在 Dreameaver 软件中为具体栏目添加具体的信息，最终效果如图 7-12 所示。

图 7-12　网页 HTML 页面最终预览效果

7.10　实例 2：客户留言信息表单编辑

本实例采用记事本编辑方式进行 HTML 的编写，具体方式如下。

（1）执行"开始"→"程序"→"附件"→"记事本"命令，打开记事本程序。

（2）在基本中输入如下 HTML 代码。

```
<html>
<head>
<meta http-equiv="Content-Type" content="text/html; charset=utf-8" />
<title>客户留言信息</title>
</head>
<body>
<form id="form1" name="form1" method="post" action="">
  <p>客户姓名：
    <input type="text" name="textfield" id="textfield" />
</p>
  <p>性    别：
    <input type="radio" name="radio" id="radio" value="radio" />
  女
```

137

```
<input type="radio" name="radio2" id="radio2" value="radio2" />
男</p>
<p>职    业：
  <select name="select" id="select">
    <option value="1">公务员</option>
    <option value="2">教师</option>
    <option value="3">国企</option>
  </select>
</p>
  <p>联系电话：
    <input type="text" name="textfield2" id="textfield2" />
  </p>
  <p>留言信息：
    <textarea name="textarea" id="textarea" cols="45" rows="5"></textarea>
</p>
  <p>
    <input type="submit" name="button" id="button" value="提交" />

    <input type="submit" name="button2" id="button2" value="重填" />
  </p>
</form>
<p> </p>
</body>
</html>
```

（3）从记事本菜单中选择"文件"→"保存"命令，弹出"另存为"对话框。在对话框中选择保存位置，将文件名设置为 form.htm，单击"保存"按钮。

（4）浏览刚刚创建的网页 form.htm，结果如图 7-13 所示。

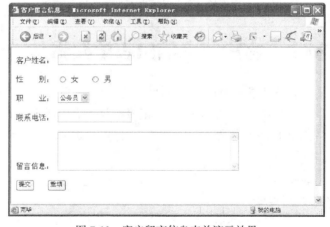

图 7-13　客户留言信息表单演示效果

7.11　实例 3：无名山人作品集框架页 HTML 编辑

在第六章中的框架页面：无名山人(庄辉)作品集网站的主框架代码如下。

```
<html>
```

```
<head>
<meta http-equiv="Content-Type" content="text/html; charset=gb2312" />
<title>欢迎访问无名山人(庄辉)作品集网站! </title>
</head>
<frameset rows="185,*" cols="*" frameborder="yes" border="2" framespacing="0"
bordercolor ="#66290F">
    <frame src="top.htm" name="topFrame" scrolling="No" noresize="noresize" />
    <frameset rows="*" cols="199,*" frameborder="yes" border="2" bordercolor="#66290F">
      <frame src="left.htm" name="leftFrame" scrolling="No" noresize="noresize" />
      <frame src="right.htm" name="mainFrame" />
    </frameset>
</frameset>
<noframes>
<body>
</body>
</noframes>
</html>
```

这是一个"上方固定，左侧嵌套"的框架集，大家看到上面的文件中还有一对<noframes></noframes>标签，即使在框架集网页时没有这对标签，文件在很多浏览器解析时也会自动生成<noframes></noframes>标签。如果没有这对标签，当浏览者使用的浏览器版本太低，不支持框架这个功能时，他看到的将会是一片空白。为了避免这种情况，即可使用<noframes>这个标签。

7.12　习题

1．简答题

（1）简述 HTML 的基本结构。

（2）简述列表标记的使用方法。

（3）简述多媒体元素调用时使用哪些关键标记。

2．项目实战题

（1）根据图 7-14 所示的界面，编写 HTML 表单代码。

（2）根据图 7-15 编写 E-mail 注册界面的表单代码。

图 7-14　客户留言信息表单演示效果　　　　图 7-15　E-mail 邮箱注册页面

第8章

CSS 样式表的应用

8.1 CSS 简介

8.1.1 CSS 的概念

CSS 是 Cascading Style Sheet 的缩写，可以翻译为"层叠样式表"或"级联样式表"，即样式表。CSS 的属性在 HTML 元素中是依次出现的，并不显示在浏览器中。它可以定义在 HTML 文档的标记里，也可以在外部附加文档中作为外加文件。此时，一个样式表可以作用多个页面，乃至整个站点，因此具有更好的易用性和拓展性。

利用 CSS 不仅可以控制一篇文档中的文本格式，而且可以控制多篇文档的文本格式。因此使用 CSS 样式表定义页面文字，将会使工作量大大减小。一些好的 CSS 样式表的建立，可以更进一步地对页面进行美化，对文本格式进行精确定制。Dreamweaver 还能识别现存文档中已定义的 CSS 样式，方便用户对现有文档进行修改。

CSS 样式表的功能一般可以归纳为以下几点。

➤ 灵活控制页面中文字的字体、颜色、大小、间距、风格及位置。

➤ 随意设置一个文本块的行高、缩进，并可以为其加入三维效果的边框。

➤ 更方便定位网页中的任何元素，设置不同的背景颜色和背景图片。

➤ 精确控制网页中各元素的位置。

➤ 可以给网页中的元素设置各种过滤器，从而产生诸如阴影、模糊、透明等效果，而这些效果只有在一些图像处理软件中才能实现。

➤ 可以与脚本语言相结合，使网页中的元素产生各种动态效果。

8.1.2　CSS 的特点

除了可扩展 HTML 的样式设定外，CSS 的特点主要还包含如下几点。

特点 1：文件的使用：很多网页为求设计效果而大量使用图形，以致网页的下载速度变得很慢。CSS 提供了很多的文字样式、滤镜特效等，可以轻松取代原来图形才能表现的视觉效果。这样的设计不仅使修改网页内容变得更方便，也大大提高了下载速度。

特点 2：集中管理样式信息：CSS 可以将网页要展示的内容与样式设定分开，也就是将网页的外观设定信息从网页内容中独立出来，并集中管理。这样，当要改变网页外观时，只需要改样式设定的部分，HTML 文件本身并不需要更改。

特点 3：共享样式设定：将 CSS 样式信息存成独立的文件，可以让多个网页共同使用，从而避免了每一个网页文件中都要重复设定的麻烦。

特点 4：将样式分类使用：多个 HTML 文件可使用一个 CSS 样式文件，一个 HTML 网页文件上也可以同时使用多个 CSS 样式文件。

特点 5：在同一文本中应用两种或两种以上的样式时，这些样式相互冲突，产生不可预料的效果。浏览器根据以下规则显示样式属性。

➢ 如果在同一个文本中应用两种样式时，浏览器显示出两种样式中除冲突属性外的所有属性。

➢ 如果在同一文本中应用的两种样式是相互冲突的，浏览器显示出最里面的样式属性。

➢ 如果存在直接冲突，自定义样式表的属性（应用 Class 属性的样式）将覆盖 HTML 标记样式的属性。

8.1.3　样式表的规则

CSS 样式设置规则由选择器和声明两部分组成。

语法：选择符{属性 1:属性值 1; 属性 2:属性值 2}

选择器是标识已设置格式元素的术语（例如：body、table、td、p、类名、ID 名），而声明则用于定义样式属性。声明由属性和值两部分组成，在下面的示例中，p 为选择器，介于 "{}" 中的所有内容为声明块。

```
p {
font-family: "宋体";
font-size: 14px;
}
```

以上代码表示了<p></p>标记内的所有文本的字体为宋体，字体大小为 14px。

8.2　创建新样式表与应用样式表

8.2.1　"CSS 样式"面板

首先认识一下 "CSS 样式" 面板。执行 "窗口" → "CSS 样式" 命令或按<Shift>+<F11>组合键，即可打开"CSS 样式"面板，如图 8-1 所示。

（a）   （b）

图 8-1 "CSS 样式"面板

（a）"全部模式"下的"CSS 样式"面板   （b）"当前模式"下的"CSS 样式"面板

"CSS 样式"面板的底部排列着几个按钮，主要选项含义如下。

"附加样式表" ：可以在 HTML 文档中链接一个外部的 CSS 文件。

"新建 CSS 规则" ：新建处理表单的服务脚本。

"编辑样式" ：可以编辑原有的 CSS 规则。

"删除 CSS 规则" ：删除选中已有的 CSS 规则。

8.2.2 "新建 CSS 规则"对话框

在"CSS 样式"面板中单击鼠标右键或者点击"新建 CSS 规则" 按钮，可以弹出如图 8-2 所示的"新建 CSS 规则"对话框。

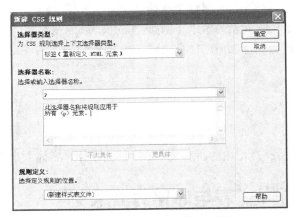

图 8-2 "新建 CSS 规则"对话框

"新建 CSS 规则"对话框中主要选项含义如下。

（1）"选择器类型"，用来设置 CSS 样式类型。

"标签（重定义 HTML 元素）"：选择该项后可以在其下拉列表中输入一个 HTML 标签，或从下拉列表中选择一个标签。

"类（可以用于任何标签）"，即自定义样式，可以将样式应用于页面中的任何文本范围或文本块中。类名称必须以句点开头，并且可以包含字母和数字组合。如果没有输入开头的句点，Dreamweaver 会自动输入。

"ID（仅应用于一个 HTML 元素）"，即 ID 标签，可以将样式应用到页面中的一个 HTML 元素，属于单独定制。

"符合内容（基于选择的内容）"：设置符合属性的样式。包括应用于针对超级链接进行设置，包括 a:link、a:visited、a:hover、a:active 共 4 种状态。

（2）"选择器名称"：设置新建的样式表的名称。

（3）"规则定义"：选择定义规则的位置。

"新建样式表文件"：定义一个外部链接的 CSS。

"仅限该文档"：仅仅在该文档中应用 CSS。

8.2.3　新建与应用 CSS 样式

新建与应用新 CSS 样式的步骤如下。

（1）在 Dreamweaver 中新建一个 HTML 页面，命名为 "CSSexample1.html"，输入一行文本"淮安市高校教学资源共建共享平台"。

（2）在 "CSS 样式" 面板中单击鼠标右键或者点击 "新建 CSS 规则" 按钮，在 "新建 CSS 规则" 对话框中设置：选择器类型为类，选择器名称为 ".headfont"，规则定义为 "仅限该文档"。如图 8-3 所示参数。

（3）点击 "确定" 按钮，弹出 ".headfont 的 CSS 规则定义" 对话框，设置 "Font-family" 为黑体，"Font-size" 为 24px，"Color" 为红色（#F00），"Font-decoration" 为下划线 "underline(U)"界面如图 8-4 所示。

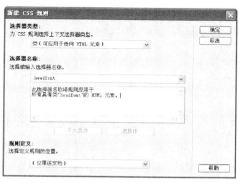

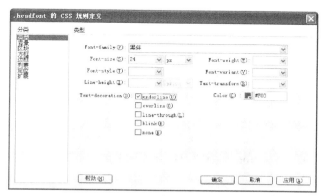

图 8-3　"新建 CSS 规则" 对话框设置新样式　　　图 8-4　在 ".headfont 的 CSS 规则定义" 对话框设置新样式

（4）点击 "确定" 按钮，新样式定义完成。

（5）在页面中选择 "淮安市高校教学资源共建共享平台" 文本，设置 "属性" 面板中 "类"选项为 "headfont"，如图 8-5 所示。

图 8-5 设置"属性"面板中"类"选项为"headfont"

（6）按<F12>键在浏览器中浏览网页，效果如图 8-6 所示。

图 8-6 文本应用"headfont"样式后的效果

（7）此时"CSSexample1.html"的代码如下。

```
<html xmlns="http://www.w3.org/1999/xhtml">
<head>
<meta http-equiv="Content-Type" content="text/html; charset=utf-8" />
<title>CSSexample1</title>
<style type="text/css">
.headfont {
font-family: "黑体";
font-size: 24px;
color: #F00;
text-decoration: underline;
}
</style>
</head>
<body class="headfont">
淮安市高校教学资源共建共享平台
</body>
</html>
```

以上代码中 <style type="text/css"> 与 </style> 中的部分为样式定义部分，<body class="headfont">中的 class="headfont"为样式调用部分。

8.2.4 链接外部 CSS 样式表

如果要链接外部 CSS 样式表，新建"CSSexample1.html"，执行下面的操作。

（1）在"CSS 样式"面板中点击"附加样式表" ，打开"链接外部样式表"对话框，如图 8-7 所示。

（2）在"链接外部样式表"对话框上的"文件/URL"域中输入所需的文件，或者单击后面的"浏览"按钮，在弹出的对话框中查找并选择要附加的 CSS 样式表文件（以 css 文件夹中的 style.css 为例）。

（3）在"添加为"域中选择"链接"或"导入"指定和创建用于将外部 CSS 样式附加到文档的标签。完成后单击"确定"按钮即可将所选择的 CSS 样式表附加到当前文档，在 CSS 样式面板中显示该 CSS 样式表导入后效果，如图 8-8 所示。

图 8-7 "链接外部样式表"的对话框　　　图 8-8 设置完成后的"链接外部样式表"的对话框

（4）点击"确定"按钮，完成外部样式表的调用。

此时在代码视图中的\<head>\</head>标签中会添加一行代码：

```
<link href="css/style.css" rel="stylesheet" type="text/css" />
```

当然也可以直接使用本行代码调用外部样式表。

8.3　CSS 的规则定义

利用 CSS 样式可以定义字体、颜色、边距和字间距等网页元素的属性，可以使用 Dreamweaver 设置所有的 CSS 属性。CSS 属性分为 8 大类，分别是：类型、背景、区块、方框、边框、列表、定位和扩展，下面分别进行介绍。

8.3.1　定义 CSS 样式"类型"属性

"类型"选项主要用于定义网页中文字的字体、颜色及字体的风格等，如图 8-9 所示。

图 8-9 定义 CSS 样式"类型"属性

"类型"属性的主要选项含义如下。

145

- ➢ Font-family：为样式设置字体。
- ➢ Font-size：设置文本大小。可以通过选择数字和度量单位选择特定的大小，也可以选择相对大小。
- ➢ Font-style：将"normal"、"italic"或"oblique"指定为字体样式。默认设置为"normal"。
- ➢ Line-height：用于控制行与行之间的垂直距离。
- ➢ Text-decoration：用于控制文本的显示状态：下划线、删除线或是文本闪烁效果。
- ➢ Font-weight：为字体设置粗细效果。
- ➢ Font-variant：设置文本的小型大写字母的变体。Dreamweaver 不在"文档"窗口中显示该属性。
- ➢ Text-transform：将选定内容中的每个单词的首字母大写或将文本设置为全部大写或者小写。
- ➢ Color：用于设置文本的颜色。

8.3.2 定义 CSS 样式"背景"属性

"背景"选项主要用于在网页元素的后面加入固定的背景色或图像，如图 8-10 所示。

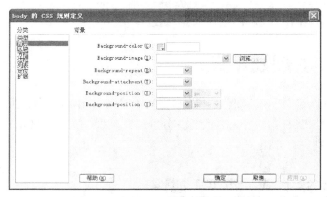

图 8-10 定义 CSS 样式"背景"属性

"背景"属性的主要选项含义如下。

- ➢ Background-color：用于为网页设置背景颜色。
- ➢ Background-image：用于为网页设置背景图像。
- ➢ Background-repeat：用于控制背景图像的平铺方式，主要选项含义是："no-repeat"表示在元素开始处显示一次图像，"repeat"表示在元素的后面水平与垂直方向重复，"repeat-x"表示设置沿水平方向重复，"repeat-y"表示设置沿垂直方向重复。
- ➢ Background-attachment：控制背景图像是否会随页面的滚动而一起滚动。
- ➢ Background-position（X）和 Background-position（Y）：用来确定背景图像的水平或垂直位置。

8.3.3 定义 CSS 样式"区块"属性

"区块"选项用于控制块中内容的间距、对齐方式和文字缩进等，如图 8-11 所示。

"区块"选项中主要选项含义如下。

➤ Word-sapcing：用于控制文字间隔的距离。

➤ Letter-spacing：其作用与单词间距类似。

➤ Vertical-align：用于控制文字或图像相对于其母体元素的位置。

➤ Text-align：用于设置块的水平对齐方式。

➤ Text-indent：用于控制块的缩进程度。

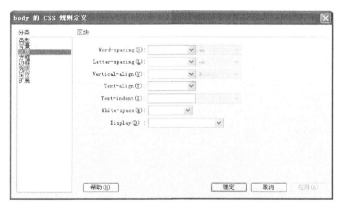

图 8-11　定义 CSS 样式"区块"属性

➤ White-sapce：确定如何处理元素中的空白。"normal"表示收缩空白，"pre"表示处理方式与文本被括在<pre>标签中一样（即保留所有空白，包括空格、制表符和回车）。"nowrap"表示指定仅当遇到
标签时文本才换行。

➤ Display：指定是否以及如何显示元素。

8.3.4　定义 CSS 样式"方框"属性

"方框"选项用于控制元素在页面中的放置方式，如图 8-12 所示。

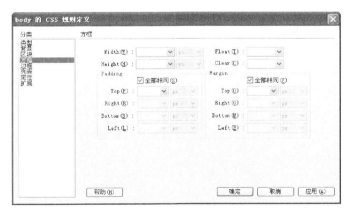

图 8-12　定义 CSS 样式"方框"属性

"方框"属性中主要选项含义如下。

➤ Width：设置元素的宽度。

147

- ➢ Height：设置元素的高度。
- ➢ Float：用于设置块元素的浮动效果（left、right、none）。
- ➢ Clear：用于清除设置的浮动效果（left、right、both、none）。
- ➢ Padding：用于控制围绕边框的边距大小。
- ➢ Margin：用于确定围绕块元素的空格填充数量。

8.3.5　定义 CSS 样式"边框"属性

"边框"选项用于设置有关元素的边框的格式，包括边框的宽度、颜色与样式等，如图 8-13 所示。

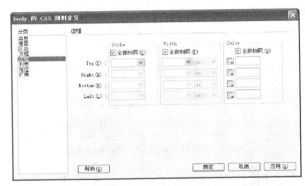

图 8-13　定义 CSS 样式"边框"属性

"边框"属性中主要选项含义如下。

- ➢ Style：设置边框的样式外观。样式的显示方式取决于浏览器，Dreamverver 在"文档"窗口中将所有样式呈现为实线，取消选择"全部相同"复选框可设置元素各个边的边框样式。
- ➢ Width：设置元素边框的粗细。取消选择"全部相同"可设置元素各个边的边框宽度。
- ➢ Color：设置元素边框的颜色。取消选择"全部相同"复选框，可设置元素各条边的边框的颜色。

其中 Style 的设置如表 8-1 所示。

表 8-1　　　　　　　　　　　　　　　　　边框样式取值含义

属　　性	列　　　　表
none	不显示边框，为默认属性值
dotted	点线
dashed	虚线
solid	实线
double	双实线
groove	边框带有立体感的沟槽
ridge	边框成脊形
inset	使整个方框凹陷，即在外框内嵌入一个立体边框
outset	使整个方框凸起，即在外框外嵌入使整个方框凹陷

虽然这几个属性的取值范围相同，但是上、下、左、右 4 个具体的边框样式属性都是设置一个值。

8.3.6　定义 CSS 样式"列表"属性

"列表"选项用于控制列表内各项元素的属性，如图 8-14 所示。

"列表"属性中主要选项含义如下。

➤ List-style-type：用于确定列表内每一项使用的符号。

➤ List-style-image：为项目符号指定自定义图像，可以单击"浏览"按钮在弹出的对话框中选择，也可以在文本框中输入图像的路径。

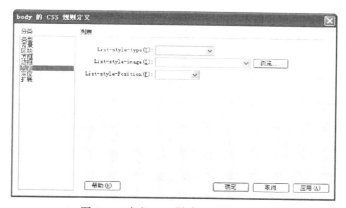

图 8-14　定义 CSS 样式"列表"属性

➤ List-style-Position：设置列表项文本是否换行和缩进（外部）以及文本是否换行到左边距（内部）。

8.3.7　定义 CSS 样式"定位"属性

"定位"选项用于控制列表内各项元素的属性，如图 8-15 所示。

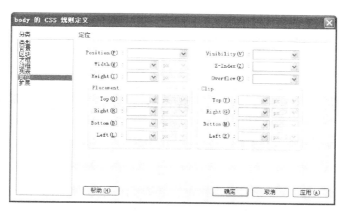

图 8-15　定义 CSS 样式"定位"属性

"定位"属性中主要选项含义如下。

➢ Position：用于确定浏览器如何确定定位的元素。

➢ Visibility：确定内容的初始显示条件。如果不指定可见性属性，则默认情况下内容将继承父元素的值。

➢ Z-Index：用于控制网页中块元素的叠放顺序，可以为元素设置重叠效果。

➢ Overflow：在确定了元素的高度和宽度后，如果元素的面积不能全部显示元素中的内容时，该属性便起作用。

➢ Placement：指定内容的位置和大小。如果内容块的内容超出了指定的大小，则将改写大小值。

➢ Clip：定义内容的可见部分。如果指定了剪辑区域，用户可以通过 JavaScript 脚本语言访问并操作属性来创建类似擦除的特殊效果。

8.3.8 定义 CSS 样式"扩展"属性

"扩展"选项用于为打印的页面设置分页和为网页元素设置视觉效果，如图 8-16 所示。

扩展"属性中主要选项含义如下。

➢ Page-break-before：在打印期间在样式所控制的对象之前强行分页。

➢ Page-break-after：在打印期间在样式所控制的对象之后强行分页。

➢ Cursor：当指针位于样式所控制的对象上时改变指针图像。

➢ Filter：对样式所控制的对象应用特殊效果。

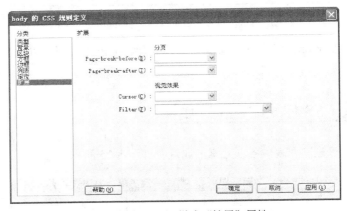

图 8-16　定义 CSS 样式"扩展"属性

8.4　实例：淮安市高校教学资源共建共享平台 CSS 样式设计

初学网页制作的人经常会觉得对文本样式的定义是让人很困扰的事情，因为对大量的文本定义不同的样式，不但工作量很大，也容易出错，甚至有时候根本达不到需要的效果。使用 CSS 样式表就会非常方便地解决这些问题，如图 8-17 所示的界面为淮安市高校教学资源共建共享平台网基本编辑效果。

图 8-17　基本编辑后的效果

存在的问题有如下几方面。

（1）背景色单调，网页顶端有空隙。

（2）表格中的文字大小不合适，文字之间行间距太小。

（3）超级链接的样式太单调。

实际上，大部分的网站都使用了 CSS 样式表来控制页面中元素，使用 CSS 可以对一个网站的整体风格进行规划，至少有以下两个好处。

（1）首先就是能保持风格的一致性。

（2）CSS 样式表可以共享，便于调整修改。

下面通过 CSS 样式表定义来美化"淮安市高校教学资源共建共享平台"的网页界面，具体步骤如下。

（1）首先预览目前网站的效果，用浏览器打开"indexold.htm"网页如图 8-17 所示，将"indexold.htm"网页另存为"index.htm"，这样方便两者效果的比较。

（2）执行"文件"→"基本页"→"CSS"命令，新建一个 CSS 页面，将其保存到 CSS 文件夹中，命名为"style.css"。

（3）点击"附加样式表" 按钮，如图 8-7 所示的界面，点击"浏览"按钮，选择 css 文件夹中的"styles.css"文件完成样式表的附加。

也可以在代码视图中添加：

```
<link href="css/style.css" rel="stylesheet" type="text/css">代码到<head></head>
```
中间。

（4）在 styles.css 文件中书写 HTML 选择符 body 的 CSS 样式代码：

```
body {
background-color: #333333;
margin-left: 0px;
```

151

```
margin-top: 0px;
margin-right: 0px;
margin-bottom: 0px;}
```

网页主体使用的样式表主要控制背景色与边距的设置。

（5）采用同样的方法书写选择符 body、td 内的文本的 CSS 样式代码：

```
body,td {
font-family: "宋体";
font-size: 13px;
color: #0061A0;
line-height: 20px;}
```

表格内部的内容使用的样式表。

（6）下面超级链接的样式编码：

```
/*注释文本：普通超级链接文字使用的样式*/
a {
        font-family: "宋体";
        font-size: 13px;
        color: #0061A0;
}
a:link {
        text-decoration: none;
}
a:visited {
        text-decoration: none;
        color: #0061A0;
}
a:hover {
        text-decoration: underline;
        color: #FF0000;
}
a:active {
        text-decoration: none;
        color: #FF9900;
}
/*注释文本：导航超级链接文字使用的样式*/
a.dh:link {
        font-size: 12px;
        color: #000000;
        text-decoration: none;
        color: #FFFFFF;
        font-weight: bold;
}
a.dh:visited {
        font-size: 12px;
        color: #000000;
        text-decoration: none;
        color: #FFFFFF;
        font-weight: bold;
```

```
   }
 a.dh:hover {
     font-size: 12px;
     text-decoration: underline;
     color: #FFFF00;
 }
 a.dh:active {
     font-size: 12px;
     text-decoration: none;
     color: #FFCC00;
 }
/*注释文本："更多"文本超级链接文字使用的样式*/
 a.green:link {
     font-size: 12px;
     color:#009900;
     text-decoration: none;
     font-weight: bold;
 }
 a.green:visited {
     font-size: 12px;
     color:#009900;
     text-decoration: none;
     font-weight: bold;
 }
 a.green:hover {
     font-size: 12px;
     text-decoration: underline;
     color:#FF0000;
 }
 a.green:active {
     font-size: 12px;
     text-decoration: none;
     color: #FFCC00;
 }
```

（7）表格边框的样式 CSS 编码：

```
.tablestyle{
border-right: #c6d6e3 1px solid;
border-left: #c6d6e3 1px solid;
border-bottom: #c6d6e3 1px solid
}
```

（8）标题文本、表单元素等的样式 CSS 编码：

```
/*注释文本：标题文字使用的样式*/
.fonthead {
font-family: "宋体";
font-size: 14px;
font-weight: bold;
color: #0061A0;
}
/*注释文本：导航分隔"|"文字使用的样式*/
.white {    font-size: 14px;
color: #FFFFFF;
}
/*注释文本：搜索表单元素文本框使用的样式*/
```

153

```
.selectborder {border: 1px solid #CCCCCC;
}
```

（9）在"index.html"中分别调用相应的样式后，界面如图 8-18 所示。

图 8-18　添加样式表后的页面效果

8.5　习题

1．简答题

（1）简述 CSS 的规则定义。

（2）简述链接外部 CSS 样式表的方法有哪几种。

2．项目实战题

（1）打开前面章节制作的"庄辉个人网站"，然后使用 CSS 样式表重新编辑页面。

（2）登录"腾讯 QQ"（www.QQ.com），下载网站主页，浏览并分析该主页的 CSS 样式表文件，然后书写一份学习报告。

第9章

模板与库的应用

9.1 模板

9.1.1 模板的概念

模板是网页编辑软件生成具有相似结构和外观的一种网页制作功能。如果希望站点中的网页享有某种特性，如相同的布局结构、导航栏等，这时使用模板技术是非常有用的。

新的网页可以通过模板创建，创建完成后，这个网页将和模板保持联系，如果一组网页使用了相同的模板，那么就可以通过修改模板来修改这一组网页的共享信息，例如网页的导航栏、banner 区域如果修改，那么使用该模板的所有网页都会跟着更新。

模板是由两类区域构成：锁定区域和可编辑区域。当第一次创建模板时，所有的内容都是锁定区域。定义模板的主要任务就是设置可编辑区域。然后当通过某个模板创建网页时，可编辑区域则成为唯一可以被改变的地方。

9.1.2 模板的新建

用户可以从现有文档中新建模板，也可以通过空白的文档创建模板。

1. 基于现有文档创建模板

基于现有的网页文件创建模板的方法如下。

（1）定义站点"zypt"，指向素材文件夹中的"淮安市高校教学资源共建共享平台"文件夹。

（2）打开需要另存为模板的网页文档"index.html"。

（3）文档打开后，执行"文件"→"另存为模板"命令，接着出现"另存模板"对话框。

（4）在"另存模板"对话框中的"站点"下拉框中选择一个用来保存模板的站点（本例默认为"zypt"），然后在"另存为"文本框中输入一个唯一的模板"名称"，例如"mb"，如图9-1所示。

图9-1 "另存模板"对话框

（5）单击"保存"按钮。Dreamweaver 软件将模板文件保存在站点本地根文件夹中的"Templates"文件夹中，文件扩展名为".dwt"。如果"Templates"文件夹在站点中不存在，Dreamweaver 软件将在保存新建模板文档时自动创建该文件夹。

2. 使用"文件"菜单创建空模板

使用"文件"菜单创建空模板的方法如下。

（1）执行"文件"→"新建"命令。

（2）显示"新建文档"对话框，选择"空模板"类别，模板类型选择"HTML 模板"，右侧列表中选择一个模板样式，如图9-2所示。

（3）单击"创建"按钮，新的空模板显示在设计视图中，如图9-3所示。

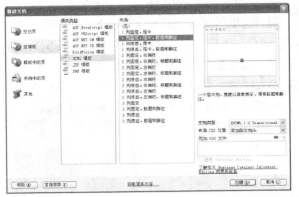

图9-2 选择模板样式

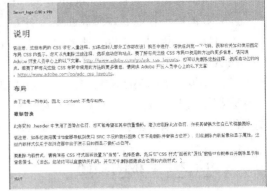

图9-3 新建的空模板

3. 使用"资源"面板创建新模板

使用"资源"面板创建新模板的方法如下。

（1）在"资源"面板中，选择左侧的"模板"类别，如图9-4所示。

（2）单击"资源"面板底部的"新建模板"按钮，一个无标题的新模板将添加到"资源"面板的模板列表中，如图9-5所示。

图 9-4　选择"模板"类别　　　　图 9-5　无标题的新模板

（3）选中该模板，输入模板的名称，Dreamweaver 在"资源"面板和 Templates 文件夹中创建一个空模板。

9.1.3　定义可编辑区域

在模板中，可编辑区域是要制作的一部分，对于基于模板的页面，能够改变可编辑中的内容。锁定区域是页面布局的一部分，在文档中始终保持不变。默认状态下，新创建的模板的所有区域都是被锁定的。因此要使用模板，必须创建模板的可编辑区域，以便在不同页面中输入不同的内容。

1．插入可编辑区域

在插入可编辑区域之前，应该将用户正在其中编辑的文档另存为模板。要在模板中插入可编辑模板区域，可以执行以下操作。

（1）在文档窗口中，例如打开刚刚创建的"mb.dwt"文件，编辑模板网页如图 9-6 所示，在要插入可编辑模板区域点击鼠标。

（2）执行"插入"→"模板对象"→"可编辑区域"命令，弹出"新建可编辑区域"对话框。为该区域输入唯一的名称（不能对模板中的多个可编辑区域使用相同的名称），如图 9-7 所示。

图 9-6　编辑模板网页　　　　　　图 9-7　编辑模板网页

（3）单击"确定"按钮，可编辑区域在模板中有高亮线显示的矩形边框围绕，该区域的左上角的选项卡显示该区域的名称，如图 9-8 所示。如果在文档中插入空白的可编辑区域，则该区域的名称会出现在该区域的内部。

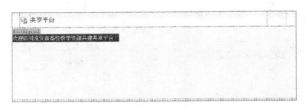

图 9-8　可编辑区域在模板中的显示

此时代码视图中表示为：

```
<!-- TemplateBeginEditable name="EditRegion1" -->
欢迎访问淮安市高校教学资源共建共享平台！
<!-- TemplateEndEditable -->
```

2．删除可编辑区域

如果已将模板文件的一个区域标记为可编辑区域，想要再次锁定它，可以使用"删除模板标记"命令来删除可编辑区域。具体方如下。

（1）单击可编辑区域左上角的选项卡，选中可编辑区域。

（2）执行"修改"→"模板"→"删除模板标记"命令。

当然，删除可编辑区域也可以通过代码删除。

3．保存模板

当用户创建模板或者修改模板后，需要保存模板。保存模板的方法如下。

（1）执行"文件"→"另存为模板"命令。

（2）如果模板中不包含可编辑区域，则弹出警告窗口，如图 9-9 所示。用户单击"确定"按钮，认定该模板中不包含可编辑区域，这样的话模板就失去了实际意义；如果单击"取消"按钮，则弹出提示对话框，如图 9-10 所示，提示新建可编辑区域的对话框。

图 9-9　警告对话框

图 9-10　提示对话框

9.2　模板的应用

新建基于模板的网页

用户可以通过现有的模板创建新的文档，既可以使用"新建"对话框从 Dreamweaver 定义的任何站点中选择模板，也可以使用"资源"面板从现有的模板创建新的文档。

1. 新建基于模板的文档

新建基于模板的文档的方法如下。

（1）执行菜单"文件"→"新建"命令，打开"新建文档"对话框。

（2）在"新建文档"对话框中，选择"模板中的页"类别。

（3）在"站点"列中，选择包含要使用的模板的 Dreamweaver 站点，然后从右侧的列表中选择一个模板，如图 9-11 所示。

（4）选中"当模板改变时更新页面"复选框，确保当模板修改时自动更新基于模板建立的所有页面。

（5）单击"创建"按钮即可完成新建基于模板的文档。

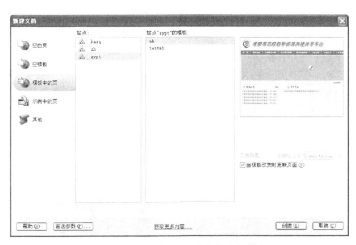

图 9-11 从"模板"列表中选择模板

2. 在"资源"面板中从模板新建文档

在"资源"面板中从模板新建文档的方法是，打开"资源"面板，在"资源"面板中，单击左侧的"资源"类别查看当前站点中的模板列表。用鼠标右键单击要应用的模板，从弹出的菜单中选择"从模板新建"命令即可完成新页面的创建。

9.3 库

9.3.1 库的概念

库是一种特殊的 Dreamweaver 文件，其中包含可放置到网页中的一组资源或资源副本。在多数的网站中都会有这种情况，在站点中的每个页面上都会有或多或少的内容是被重复使用的，如网站页眉、网站导航、版权信息等。库用来存放页面元素，如图像、文本等对象。这些元素广泛地用在整个站点中，能够重复地被使用或者经常更新，它们被称为库项目。当库项目被编辑后，可以自动更新所有使用该项目的页面。

在 Dreamweaver 中可以将任何元素创建为库项目。这些元素包括文本、图片、表格、导航、插件等。库项目的文件扩展名为.lbi。所有的库项目都被保存在同一个文件中，且库文件的默认存放文件夹为本地网站根文件夹下的"Library"。

利用库项目同样也可以实现网页的风格维护。可以将某些文档中的共有内容定义为库，然后放置到文档中。一旦站点中对库进行了修改，通过 Dreamweaver 的站点管理特性，可以对站点中所有放入该库项目的文档进行更新，从而实现风格的统一更新。

9.3.2　库项目的创建

用户可以从页面中基于选定内容创建库项目，也可以新建一个空白库项目。

1. 基于选定内容创建库项目

基于选定内容创建库项目的方法如下。

（1）在"文档"窗口中，选择要保存为库项目的文档部分。

（2）执行下列操作之一创建库项目。

➢　将选定内容拖曳到"资源"面板的"库"类别。

➢　单击"资源"面板中"库"类别底部的"新建库项目" 按钮📄，如图 9-12 所示。

➢　执行菜单"修改"→"库"→"增加对象到库"命令。

（3）为新库项目输入一个名称，如图 9-13 所示。

图 9-12　新建库项目

图 9-13　定义库项目名称

2. 创建空白库项目

创建空白库项目的方法如下。

（1）确保在"文档"窗口中没有选择任何内容。

（2）在"资源"面板中，选择"库"类别。

（3）单击"资源"面板中"库"类别底部的"新建库项目"按钮📄。

（4）为新的库项目输入一个名称，然后按 <Enter>键。

9.3.3 编辑库项目

当用户编辑库项目时，可以更新使用该项目的所有文档。如果选择不更新文档，文档将保持与库项目的关联，用户以后可以根据需要更新文档。

另外，用户可以重命名库项目来断开它与文档或模板的连接，可以从站点的库中删除库项目，还可以重新创建丢失的库项目。

编辑库项目的方法如下。

（1）在"资源"面板中，选择"库"类别。

（2）选择库项目（例如 head.lbi）。

（3）单击"编辑"按钮或双击库项目，Dreamweaver 将打开一个与"文档"窗口类似的新窗口用于编辑该库项目。

（4）对库项目进行相应的更改，然后执行菜单"文件"→"保存"命令保存库项目。

（5）在显示的图 9-14 所示"更新库项目"对话框中，指定是否更新本地站点中使用该库项目的文档。用户如果单击"更新"按钮，则立即更新使用该库文档的文档，如图 9-15 所示；用户如果单击"不更新"按钮，则不会更新文档，直到用户可以在需要时更新文档。

图 9-14 "更新库项目"对话框

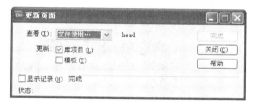

图 9-15 "更新页面"对话框

9.4　实例：书法家庄辉个人网站模板应用

9.4.1 模板与库的设计

本例将使用模板与库技术重新设计书法家庄辉的个人网站。运用静态模板技术与库技术先后设计制作 "logo.lib"、"banner.lib"、"menu.lib"、"footer.lib" 四个库项目，建立网站模板 (zhuanghui.dwt)，应用模板来实现网站。实现的示意图如 9-16 所示。

图 9-16 网站结构示意图

9.4.2　创建库项目

创建"logo.lib"、"banner.lib"、"menu.lib"、"footer.lib"四个库项目，具体方法如下。

（1）启动 Dreamweaver 软件，创建"zh"站点（指向"庄辉个人网站"文件夹），打开"sfzp.html"页面，选择"logo.gif"图片，单击"资源"面板中"库"类别底部的"新建库项目"按钮，创建"logo.lib"库项目。

（2）同样的方法，选择"banner5.swf"动画，单击"资源"面板中"库"类别底部的"新建库项目"按钮，创建"banner.lib"库项目。

（3）选择网页左侧的菜单导航表格，创建"menu.lib"库项目。

（4）选择网页版权信息文本，创建"footer.lib"库项目。

库项目创建完成后的"资源"面板如图 9-17 所示，创建完成库项目后，选择"menu.lib"库项目，然后按<Enter>键盘，可以浏览和编辑库项目内容，如图 9-18 所示。

库"footer.lib"版权信息创建完成后，调用的 HTML 代码为：

```
<!__ #BeginLibraryItem "/Library/footer.lbi" __>
版权所有：淮安书画院书法家庄辉<br />
建议分辨率：800×600 以上分辨率 IE4.0 以上版本浏览器<br />
<!__ #EndLibraryItem __>
```

图 9-17　创建库后的"资源"面板

图 9-18　"menu.lib"库项目编辑

9.4.3　网站模板的创建

（1）启动 Dreamweaver 软件，执行"文件"→"新建"命令或按<Ctrl>+<N>组合键，弹出"新建文档"对话框。从"类别"列表中选择"空白页"，然后从右侧的列表中选择"HTML 模板"，再单击"创建"按钮创建一个新的 HTML 模板网页，执行"文件"→"另存为"命令，保存网页到"庄辉个人简介网页"文件夹中，命名为"zh.dwt"。

（2）参照第 4 章中的 4.4.2 节的第 3~6 步，完成模板的基本布局，一个 4 行 2 列的表格，为下一步插入库项目，可编辑区域做好准备，示意图如 9-14 所示。

（3）打开"资源"面板中"库"类别，分别将"logo.lib"、"banner.lib"、"menu.lib"、"footer.lib"

四个库项目拖曳到示意图指定的位置。

（4）执行"插入"→"模板对象"→"可编辑区域"命令，在模板页页面的第 3 行第 2 列插入可编辑区域后，效果如图 9-19 所示。

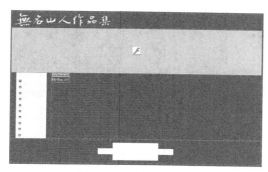

图 9-19　创建网站模板

9.4.4　应用模板创建并编辑网页

创建基于模板的文档的步骤如下。

（1）执行菜单"文件"→"新建"命令，打开"新建文档"对话框。

（2）在"新建文档"对话框中，选择"模板中的页"类别。

（3）在"站点"列中，选择包含要使用的模板的 Dreamweaver 站点，然后从右侧的列表中选择一个模板，如图 9-20 所示。

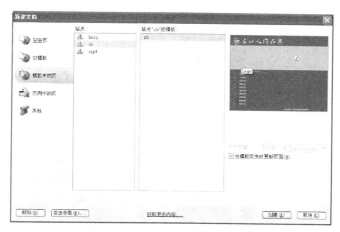

图 9-20　从"模板"列表中选择"zh"模板

（4）选中"当模板改变时更新页面"复选框，确保当模板修改时自动更新基于模板建立的所有页面。

（5）单击"创建"按钮即可完成新建基于模板的文档。

（6）执行"文件"→"保存"命令，将网页保存为"grjj.html"，参照第 4 章中的 4.4.2 节的第 11～15 步，在可编辑区域插入相应的网页内容，界面如图 9-21 所示。

（7）采用同样的方式制作其他的网页，如楷书作品、扇面作品、行草作品、草书作品等。

图 9-21   应用"模板"列编辑的个人简介页面

9.5   习题

1. 简答题

（1）简述模板的组成区域与特点及创建方法。

（2）简答更新模板和库的方法。

2. 项目实战题

使用模板技术制作如图 9-22 所示的"国际经济与贸易特色专业网站"系列页面。

（a）

（b）

（c）

（d）

图 9-22   国际经济与贸易特色专业网站页面

（a）主页页面   （b）专业建设方案-课程页面   （c）专业特色页面   （d）管理制度页面

第10章

JavaScript 脚本应用

10.1 JavaScript 应用基础

10.1.1 JavaScript 简介

脚本（script）实际上就是一段程序，用来完成某些特殊的功能。脚本程序既可以在服务器端运行（称为服务器脚本，如 ASP 脚本、PHP 脚本等），也可以直接在浏览器端运行（称为客户端脚本）。

JavaScript 不是 Java，只不过两者类似。JavaScript 语言的前身叫作 LiveScript，自从 Sun 公司推出著名的 Java 语言后，Netscape 公司引进了 Sun 公司有关 Java 的程序概念，将 LiveScript 重新进行设计，并改名为 JavaScript。

JavaScript 是一种新的描述语言，可以被嵌入 HTML 文件之中。它是一种基于对象和事件驱动，并具有安全性能的脚本语言。使用它的目的是与 HTML 超文本标记语言、Java 脚本语言一起实现在一个 Web 页面中链接多个对象，与 Web 客户交互作用，从而可以开发客户端的应用程序等。

10.1.2 JavaScript 的特点

JavaScript 的出现弥补了 HTML 语言的缺陷，它是 Java 与 HTML 折衷的选择，具有以下几个特点。

➢ JavaScript 具有简单性。首先它是一种基于 Java 基本语句和控制流之上的简单而紧凑的设计，其次它的变量类型采用弱类型，并未使用严格的数据类型。

➢ JavaScript 是一种安全性语言，它不允许访问本地硬盘，并且不能将数据存入服务器上，不允许对网络文档进行修改和删除，只能通过浏览器实现信息浏览或动态交互，从而有效地防止数据的丢失。

➢ JavaScript 是动态的，它可以是直接对用户或客户输入作出响应，无须经过 Web 服务程序。它对用户的反映响应，是采用以事件驱动的方式进行的。所谓事件驱动，就是指在主页中执行了某种操作所产生了动作，从而触发响应的事件响应。

➢ JavaScript 具有跨平台性。它依赖于浏览器本身，与操作环境无关，只要能运行浏览器并支持 JavaScript 浏览器的计算机就能正确执行。

10.1.3　网页中应用 JavaScript 的方法及定义

网页中插入 JavaScript 的方法有以下两种。

方法一、在 HTML 文档中嵌入脚本程序

JavaScript 的脚本程序包含在 HTML 中，是 HTML 文档的一部分。其格式为：

```
<script language="JavaScript">
  JavaScript 语言代码;
  …
</script>
```

在网页中最常用的定义脚本的方法是使用<script>…</script>标记，将其插入 HTML 文档的<head>…</head>或<body>…</ body >之间，多数情况下最好放到<head>…</head>标记之间，这样可以让 JavaScript 程序代码先于其他代码第一个被加载执行。

方法二、链接脚本文件

可以把脚本文件保存在一个扩展名为.js 的文本文件中，供需要该脚本的多个 HTML 文件引用。要引用外部脚本文件，需要使用 script 标记的 src 属性指定外部脚本文件的 URL。其格式为：

```
<head>
…
<script type="text/javascript" src="脚本文件名.js"></script>
…
</head>
```

10.2　基于对象的 JavaScript 脚本语言

JavaScript 是基于对象的（Object-Based）脚本语言，而不是面向对象的（Object-Oriented）脚本语言。之所以说它是一门基于对象的语言，主要是因为它没有提供抽象、继承、重载等有关面向对象语言的功能，而是把其他语言所创建的复杂对象统一起来，从而形成一个非常强大的对象系统。

虽然 JavaScript 是一门基于对象的脚本语言，但它还是具有一些面向对象的基本特征。它可以根据需要创建自己的对象，进一步扩大了 JavaScript 的应用范围，从而编写出功能强大的 Web 页面。

10.2.1　对象及相关概念

1．对象

（1）对象的概念。

JavaScript 中的对象是由属性（properties）和方法（methods）两个基本的元素构成的。用来描述对象特征的一组数据，也就是若干个变量，称为属性；用来操作对象特征的若干个动作，也就是若干函数，称为方法。

（2）对象的使用。

要使用一个对象，有下面 3 种方法。

➤ 引用 JavaScript 内置对象。

➤ 由浏览器环境中提供。

➤ 创建新对象。

一个对象在被引用之前必须已经存在。

2. 对象的属性

在 JavaScript 中，每一种对象都有一组特定的属性。对象属性的引用有 3 种方式。

（1）点（.）运算符。

把点放在对象实例名和它对应的属性之间，以此指向一个唯一的属性。属性的使用格式为：

对象名.属性名 = 属性值；

例如，一个名为 car 的对象实例，它包含了 color、weight 共 2 个属性，对它们的赋值可以用如下代码：

```
car.color="red"
car.weight="1.6T";
```

（2）对象的数组下标。

通过"对象[下标]"的格式也可以实现对象的访问。在用对象的下标访问对象属性时，下标是从 0 开始，而不是从 1 开始的。

（3）通过字符串的形式实现。

通过"对象[字符串]"的格式实现对象的访问。例如：

```
car["color"]= "red";
car["weight"]= "1.6T";
```

3. 对象的事件

事件就是对象上所发生的事情。事件是预先定义好的、能够被对象识别的动作,如单击(Click)事件、双击（Dblclick）事件、装载（Load）事件、鼠标移动（MouseMove）事件等，不同的对象能够识别不同的事件。通过事件，可以调用对象的方法，以产生不同的执行动作。

4. 对象的方法

一般来说,方法就是要执行的动作。JavaScript 的方法是函数。如 Windows 对象的关闭(close)方法、打开（open）方法等。方法代码只能在代码中使用，其用法依赖于方法所需的参数个数以及它是否具有返回值。

在 JavaScript 中，对象方法的引用非常简单。只需在对象名和方法之间用点分隔就可指明该对象的某一个方法，并加以引用。其格式为：

对象名.方法( )

例如，引用 car 对象中已经存在的一个方法 run( )，代码如下：

```
document.write(car run());
```

10.2.2   DHTML 对象模型简介

DHTML 即动态 HTML（Dynamic Hyper Text Markup Language）。所谓的"动态"，不仅表现在网页的视觉展示方式上，更重要的是，它可以对网页中的内容进行控制与变化。

DHTML 对象模型定义了用于描述网页及其内部元素的对象，每个对象都有描述其自身状态的属性和描述其行为的方法，也可以处理特定类型的事件。因此，网页设计者可以通过 Script 程序来控制或调用这些对象。

在 DHTML 模型中，最顶层的对象是 Windows 对象，其他对象可以看做是 Window 对象的属性，如图 10-1 所示。其中，对于编程最重要的属性是 Document 对象。Document 对象表示浏览器中当前的 HTML 文档，通过该对象能够获得关于当前文档的信息，可以检测和修改当前文档的元素，还可以响应事件。

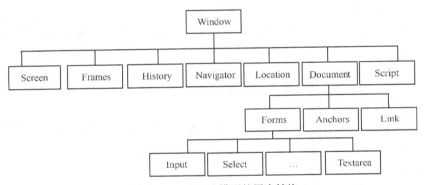

图 10-1   DHTML 模型的层次结构

Screen 属性包含了客户端显示器的信息。通常进行网页设计时要考虑不同的屏幕分辨率，这样才能让用户看到最佳的效果，因此，需要获得用户显示器的信息，以便动态调整页面。

Frames 属性指定由给定文档或者某个窗口对应文档定义的所有 Windows 对象。这是一个集合属性，同时也是 Document 对象的属性。

History 属性包含用户先前访问过的 URL 信息。

Navigator 属性包含用户使用浏览器的属性，如浏览器的名称等。

Location 属性包含当前的 URL 信息。

Script 属性返回当前文档的 Script 块，而不管 Script 块是在 body 中还是在 head 块中。

Document 对象的 Link 属性指定 HTML 文档中的链接；Anchors 属性可以获得文档中的所有超级链接；Forms 属性是个集合属性，返回文档中的表单元素。

10.2.3   事件介绍

JavaScript 是基于对象的语言，而基于对象的基本特征就是采用事件驱动。通常鼠标或键盘的动作称之为事件，而由鼠标或键盘的动作引发的一连串程序动作，称之为事件驱动。对事件进行处理的程序或者函数称为事件处理程序。在 JavaScript 中，对象的事件处理通常由函数实现。事件处理程序的语法与函数一样，因此也可以直接将函数作为事件处理程序。事件处理的基本语法如下。

```
function 事件处理名（参数表）
    {
        事件处理语句集；
    }
```

在调用事件处理程序时的基本语法如下。

事件驱动=处理程序说明：在等号后，可以使用自己编写的函数作为事件处理程序，也可以使用 JavaScript 中内部的函数，还可以直接使用 JavaScript 的代码等。

JavaScript 事件驱动中的事件是通过鼠标或键盘动作引发的，主要包括单击事件（onClick）、改变事件（onChange)、选中事件（onSelect）、获得焦点事件（onFocus）、失去焦点事件（onBlur）、载入文件事件（onLoad）、卸载文件事件（onUnload）、鼠标覆盖事件（onMouseOver）、鼠标离开事件（onMouseOut）。

关于 JavaScript 事件的详细说明与学习，请大家参考素材文件夹中的帮助文档。

10.3　Spry 构件应用

Spry 框架是一个 JavaScript 库，Web 设计人员使用它可以构建能够向站点访问者提供更丰富体验的 Web 页。有了 Spry 框架，就可以使用 HTML、CSS 和极少量的 JavaScript 将数据合并到 HTML 文档中，创建构件（如折叠构件和菜单栏），向各种页面元素中添加不同种类的效果。在设计上，Spry 框架的标记非常简单且便于那些具有 HTML、CSS 和 JavaScript 基础知识的用户使用。

Spry 构件是一个页面元素，通过启用用户交互来提供更丰富的用户体验。Spry 构件由以下几个部分组成。

➤ 　构件结构：用来定义构件结构组成的 HTML 代码块。

➤ 　构件行为：用来控制构件如何响应用户启动事件的 JavaScript。

➤ 　构件样式：用来指定构件外观的 CSS。

10.3.1　Spry 菜单栏构件

菜单栏构件是一组可导航的菜单按钮，当站点访问者将鼠标悬停在其中的某个按钮上时，将显示相应的子菜单。使用菜单栏可在紧凑的空间中显示大量可导航信息，并使站点访问者无需深入浏览站点即可了解站点上提供的内容。

Dreamweaver 允许插入两种形式的菜单栏构件：垂直构件和水平构件。图 10-2 显示一个水平菜单栏构件，其中的第三个菜单项处于展开状态。

图 10-2　Spry 菜单栏效果

菜单栏构件（由<ul>、<li>和<a>标签组成），然后与后面内容连成一个段落。

菜单栏构件的 HTML 中包含一个外部 ul 标签,该标签中对于每个顶级菜单项都包含一个 li 标签,而顶级菜单项(li 标签)又包含用来为每个菜单项定义子菜单的 ul 和 li 标签,子菜单中同样可以包含子菜单。顶级菜单和子菜单可以包含任意多个子菜单项。

1. 添加主菜单项

添加主菜单项的步骤如下。

(1)在"文档"窗口中选择一个菜单栏构件。

(2)在属性检查器中,单击第一列上方的加号按钮,如图 10-3 所示。

(3)(可选)重命名新菜单项,方法是更改"文档"窗口或属性检查器"文本"框中的默认文本。

图 10-3 Spry 菜单栏属性

2. 添加子菜单项

添加子菜单项的步骤如下。

(1)在"文档"窗口中选择一个菜单栏构件。

(2)在属性检查器中,选择要向其中添加子菜单的主菜单项的名称。

(3)单击第二列上方的加号按钮,如图 10-3 所示。

(4)(可选)重命名新的子菜单项,方法是更改"文档"窗口或属性检查器"文本"框中的默认文本。

3. 删除主菜单项或子菜单项

删除主菜单项或子菜单项的步骤如下。

(1)在"文档"窗口中选择一个菜单栏构件。

(2)在属性检查器中,选择要删除的主菜单项或子菜单项的名称,然后单击减号按钮。

菜单栏构件的内容与样式设置可以通过代码视图进行修改。

注意

10.3.2 Spry 选项卡式面板构件

选项卡式面板构件是一组面板,用来将内容存储到紧凑空间中。站点访问者可通过单击要访问的面板上的选项卡来隐藏或显示存储在选项卡式面板中的内容。当访问者单击不同的选项卡时,构件的面板会相应地打开。在给定时间内,选项卡式面板构件中只有一个内容面板处于打开状态。

如图 10-4 所示显示一个选项卡式面板构件，第二个面板处于打开状态。

选项卡式面板构件的 HTML 代码中包含一个含有所有面板的外部 div 标签、一个标签列表、一个用来包含内容面板的 div 和以及各面板对应的 div。在选项卡式面板构件的 HTML 中，在文档头中和选项卡式面板构件的 HTML 标记之后还包括脚本标签。

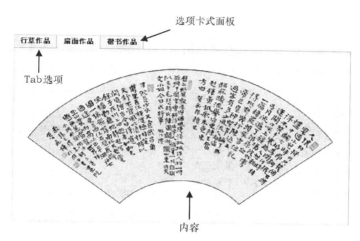

图 10-4　Spry 选项卡式面板构件效果

10.3.3　Spry 折叠构件

折叠构件是一组可折叠的面板，可以将大量内容存储在一个紧凑的空间中。站点访问者可通过单击该面板上的选项卡来隐藏或显示存储在折叠构件中的内容。当访问者单击不同的选项卡时，折叠构件的面板会相应地展开或收缩。在折叠构件中，每次只能有一个内容面板处于打开且可见的状态。

如图 10-5 所示显示一个折叠构件，第二个折叠选项处于打开状态。

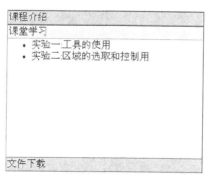

图 10-5　Spry 折叠构件效果

折叠构件的默认 HTML 中包含一个含有所有面板的外部 div 标签以及各面板对应的 div 标签，各面板的标签中还有一个标题 div 和内容 div。折叠构件可以包含任意数量的单独面板。在折叠构件的 HTML 中，在文档头中和折叠构件的 HTML 标记之后还包括 script 标签。

10.4 常用的 JavaScript 特效应用实例

10.4.1 实例1: 日期显示效果

在网站中经常会在页面中显示时间及星期信息，实现特效的 JavaScript 脚本代码如下。

```
<script language=JavaScript>
<!__
var enabled = 0; today = new Date();
var day; var date;
if(today.getDay()==0) day = " 星期日"
if(today.getDay()==1) day = " 星期一"
if(today.getDay()==2) day = " 星期二"
if(today.getDay()==3) day = " 星期三"
if(today.getDay()==4) day = " 星期四"
if(today.getDay()==5) day = " 星期五"
if(today.getDay()==6) day = " 星期六"
document.fgColor = "000000";
date = "今天是: " + (today.getYear()) + "年" + (today.getMonth() + 1 ) + "月" +
today.getDate() + "日" + day +"";
document.write(date);
__>
</script>
```

运行后的效果如图 10-6 所示。

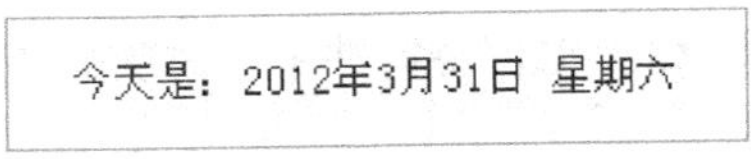

今天是: 2012年3月31日 星期六

图 10-6 时间显示效果

将代码复制到"淮安市高校教学资源共建共享平台"网站中，效果如图 10-7 所示。

图 10-7 网站中应用时间显示效果

10.4.2 实例2: 图片展示幻灯片 Flash 切换效果

在企事业单位的网站上，例如企业业绩展示、产品展示、新品推荐、企业动态等栏目都会采用图片展示幻灯片 Flash 切换效果。

　　本实例中将 5 幅企业业绩图像设置为宽：281 像素，高 194 像素，图片存放于"pic"文件夹中。将 Flash 动画的播放文件"focus.swf"存放于 flash 文件夹中。

　　实现特效的 JavaScript 脚本代码如下。

```
<script type=text/javascript>
imgUrl1="pic/1.jpg";
imgtext1="企业业绩展示 1"
imgLink1=escape("http://www.jsadjl.com/");
imgUrl2="pic/2.jpg";
imgtext2="企业业绩展示 2"
imgLink2=escape("http://www.jsadjl.com/");
imgUrl3="pic/3.jpg";
imgtext3="2 企业业绩展示 3"
imgLink3=escape("http://www.jsadjl.com/");
imgUrl4="pic/4.jpg";
imgtext4="企业业绩展示 4"
imgLink4=escape("http://www.jsadjl.com/");
imgUrl5="pic/5.jpg";
imgtext5="企业业绩展示 5"
imgLink5=escape("http://www.jsadjl.com/");
var focus_width=281
var focus_height=194
var text_height=20
var swf_height = focus_height+text_height
var pics=imgUrl1+"|"+imgUrl2+"|"+imgUrl3+"|"+imgUrl4+"|"+imgUrl5
var links=imgLink1+"|"+imgLink2+"|"+imgLink3+"|"+imgLink4+"|"+imgLink5
var texts=imgtext1+"|"+imgtext2+"|"+imgtext3+"|"+imgtext4+"|"+imgtext5
document.write('<object    classid="clsid:d27cdb6e-ae6d-11cf-96b8-444553540000"
width="'+ focus_width +'" height="'+ swf_height +'">');
document.write('<param name="allowScriptAccess" value="sameDomain"><param name=
"movie" value="flash/focus.swf"><param name="quality" value="high"><param name="bgcolor"
value="#F0F0F0">');
document.write('<param name="menu" value="false"><param name=wmode value="opaque" >');
document.write('<param name="FlashVars" value="pics='+pics+'&links='+links+'&texts=
'+texts+'&borderwidth='+focus_width+'&borderheight='+focus_height+'&textheight='+t
ext_height+'">');
document.write('<embed src="pixviewer.swf" wmode="opaque" FlashVars="pics='+pics+'
&links='+links+'&texts='+texts+'&borderwidth='+focus_width+'&borderheight='+focus_
height+'&textheight='+text_height+'" menu="false" bgcolor="#F0F0F0" quality="high"
width="'+ focus_width +'" height="'+ focus_height +'" allowScriptAccess="sameDomain"
type="application/x-shockwave-flash" pluginspage="http://www.macromedia.com/go/getflashplayer"/>');
document.write('</object>');
</script>
```

　　运行代码，效果如图 10-8 所示。

　　代码中：

　　focus_width=281 表示图片的宽度为 281 像素。

　　focus_height=194 表示高度为 194 像素。

　　text_height=20 表示文本的高度。

　　pics 定义了图片的来源，imgUrl1="pic/1.jpg"。

　　links 定义了图片的链接效果。

　　texts 定义了图片下方的文本。

图 10-8　图片展示幻灯片 Flash 切换效果

10.4.3　实例 3：图片展示幻灯片切换效果

在企业网站开发过程中，经常用到一些产品的展示，如事业单位网站中的新闻图片切换等。本例通过淮安专用汽车制作有限公司的新品推荐制作 5 幅产品的展示效果。

本实例的 5 幅图像素材的大小都为宽：686 像素，高 327 像素，素材存放在"hzzqpic"文件夹中。

实现特效的 JavaScript 脚本代码如下。

```
<div class="right">
<script language=JavaScript>
var elady_step=3;    //1:small, 3:middle, 5:big
var elady_speed=50; //20:fast, 50:middle, 80:slow
var e_tp=new Array();
var e_tplink=new Array();
var adNum_elady1=0;
var elady_stop_sh=0;
var elady_star_sh=1;
function elady1_moveImg(){
if((!document.all&&!document.getElementById)||(elady_stop_sh==0))   return;
if(elady_star_sh==1){
document.all.elady1_divimg.style.pixelTop=parseInt(document.all.elady1_divimg.
style.pixelTop)+elady_step;}
 else if(elady_star_sh==2){
document.all.elady1_divimg.style.pixelLeft=parseInt(document.all.elady1_divimg.
style.pixelLeft)+elady_step;}
 else if (elady_star_sh==3){
document.all.elady1_divimg.style.pixelTop=parseInt(document.all.elady1_divimg.
style.pixelTop)-elady_step;}
 else if(elady_star_sh==4){
document.all.elady1_divimg.style.pixelTop=parseInt(document.all.elady1_divimg.
style.pixelTop)-elady_step;}
 else{
document.all.elady1_divimg.style.pixelLeft=parseInt(document.all.elady1_divimg.
style.pixelLeft)-elady_step;}
```

```
if(elady_star_sh<5) elady_star_sh++;
else elady_star_sh=1;
setTimeout("elady1_moveImg()",elady_speed);}
e_tplink[0]="http://www.hazq-js.com";
e_tp[0]="hzzqpic/1.jpg";
e_tplink[1]="http://www.hazq-js.com";
e_tp[1]="hzzqpic/2.jpg";
e_tplink[2]="http://www.hazq-js.com";
e_tp[2]="hzzqpic/3.jpg";
e_tplink[3]="http://www.hazq-js.com";
e_tp[3]="hzzqpic/4.jpg";
e_tplink[4]="http://www.hazq-js.com";
e_tp[4]="hzzqpic/5.jpg";
var currentimage=new Array();
for(i=0;i<=4;i++){currentimage[i]=new Image();
        currentimage[i].src=e_tp[i];
  }
function elady1_set(){
if(document.all){
 e_tprotator.filters.revealTrans.Transition=Math.floor(Math.random()*23);
  e_tprotator.filters.revealTrans.apply();    }
 }
function elady1_playCo(){
 if(document.all)
 e_tprotator.filters.revealTrans.play()
}
function elady1_nextAd(){
if(adNum_elady1<e_tp.length-1)adNum_elady1++ ;
else adNum_elady1=0;
elady1_set();
document.images.e_tprotator.src=e_tp[adNum_elady1];
elady1_playCo();
theTimer=setTimeout("elady1_nextAd()", 5000);
}
function elady1_linkurl(){
jumpUrl=e_tplink[adNum_elady1];
jumpTarget='_blank';
if(jumpUrl != ''){
if(jumpTarget != '')window.open(jumpUrl,jumpTarget);
else location.href=jumpUrl;
 }}
function elady1_listMsg() {
status=e_tplink[adNum_elady1];
document.returnValue = true;}
window.onload=elady1_nextAd;
document.write("<div id='elady1_divimg' style='position:relative'>");
document.write('<a onMouseOver="elady1_listMsg();return document.returnValue"
href="javascript:elady1_linkurl()" target="_self">');
document.write('<img style="FILTER: revealTrans(duration=2,transition=20)"
height=327 src="hzzqpic/1.jpg" width=686 border=0 name=e_tprotator ></a>');
document.write("</div>");
</script>
```

运行代码，效果如图 10-9 所示。

图 10-9　图片展示幻灯片切换效果

10.4.4　实例 4：文本或图像滚动效果

网页设计中<marquee>标签可以实现元素在网页中移动的效果，以达到动感十足的视觉效果。<marquee>标签是一个成对的标签。

基本语法：

<marquee 属性 1=value…>滚动内容</marquee>

语法解释：

<marquee>标签有很多属性，用来定义元素的移动方式，如表 10-1 所示。

表 10-1　　　　　　　　　　　　　　　　<marquee>的属性

属　　性	描　　述
direction	设定文字的滚动方向，left 表示向左，right 表示向右，up 表示向上滚动
loop	设定文字滚动次数，其值是正整数或 infinite 表示无限次，默认为无限循环
height	设定字幕高度
width	设定字幕宽度
scrollamount	指定每次移动的速度，数值越大速度越快
scrolldelay	文字每一次滚动的停顿时间，单位是毫秒，时间越短滚动越快
align	指定滚动文字与滚动屏幕的垂直对齐方式，取值 top、middle、bottom
bgcolor	设定文字滚动范围的背景颜色
hspace	指定字幕左右空白区域的大小
vspace	指定字幕上下空白区域的大小

本例演示滚动图片超级链接，本实例的 6 幅大图图像素材的大小都是宽为 165 像素，高为 50 像素，将图像存放到 Images 文件夹中。

实现特效的 JavaScript 脚本代码如下。

```
<marquee direction="left" onMouseOut=this.star() onMouseUp=this.stop() scrolldelay=1
scrollamount=2>
    <a href="#"><img src="images/1.jpg" width="165" height="50" border="0"></a>
    <a href="#"><img src="images/2.jpg" width="165" height="50" border="0"></a>
```

```
<a href="#"><img src="images/3.jpg" width="165" height="50" border="0"></a>
<a href="#"><img src="images/4.jpg" width="165" height="50" border="0"></a>
<a href="#"><img src="images/5.jpg" width="165" height="50" border="0"></a>
<a href="#"><img src="images/6.jpg" width="165" height="50" border="0"></a>
</marquee>
```

运行代码，效果如图 10-10 所示。

图 10-10　滚动的图像超链接

10.4.5　实例 5：网页飘动广告效果

每逢传统节假日，在很多网站的主页上都会飘动一些节日的祝福语，或是一些企业网站的主页上会飘动一些新的产品、代理信息、联系信息等。

本例的网页飘动广告效果主要展示企业"诚招全国代理"的飘动广告条，使用 DIV 标记结合 JavaScript 代码实现。

实现特效的 JavaScript 脚本代码如下。

```
<div>
<script type="text/javascript">
function hidead()
{document.getElementById("ad").style.display="none";}
</script>
<div id="ad" style="position:absolute">
<a href="http://www.hazq-js.com">
<img src="images/zpxx.jpg" width="280" height="162" border="0">
</a>
<DIV onClick="hidead();" style="FONT-SIZE: 9pt; CURSOR: hand" align=right>关闭×
</DIV></div>
<script>
var x = 50,y = 60
var xin = true, yin = true
var step = 1
var delay = 20
var obj=document.getElementById("ad")
function floatAD() {
var L=T=0
var R= document.body.clientWidth-obj.offsetWidth
var B = document.body.clientHeight-obj.offsetHeight
obj.style.left = x + document.body.scrollLeft
obj.style.top = y + document.body.scrollTop
x = x + step*(xin?1:-1)
if (x < L) { xin = true; x = L}
if (x > R){ xin = false; x = R}
y = y + step*(yin?1:-1)
if (y < T) { yin = true; y = T }
if (y > B) { yin = false; y = B }
}
var itl= setInterval("floatAD()", delay)
```

```
obj.onmouseover=function(){clearInterval(itl)}
obj.onmouseout=function(){itl=setInterval("floatAD()", delay)}
</script>
</div>
```

将该代码插入主页 index.html 的<body>标记中后的效果如图 10-11 所示。

图 10-11　网页飘动广告效果

10.5　实例：验证用户登录界面

本例主要讲解如何使用 JavaScript 进行表单的验证，验证要求有如下几条。

（1）用户名文本框不能为空。

（2）用户名文本框中不能包含数字。

（3）密码文本框中不能为空。

（4）密码文本框的长度必须多于或等于 6 个字符。

用户登录界面如图 10-12 所示。

图 10-12　用户登录界面

任务实施：

第一步：使用 Dreamweaver 制作如图 10-13 所示的 html 页面。

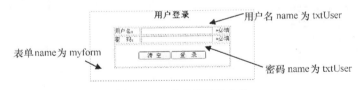

图 10-13　表单界面及命名

第二步：编写一个用于验证用户名非空并且不能是数字的函数 checkUserName()，该函数没有参数，返回值为 true 或 false，代码如下。

```
function checkUserName(){
var fname = document.myform.txtUser.value;
if(fname.length != 0){
for(i=0;i<fname.length;i++){
var ftext = fname.substring(i,i+1);
    if(ftext < 9 || ftext > 0){
        alert("名字中包含数字 \n"+"请删除名字中的数字和特殊字符");
        return false;
    }
}
}
else{
alert("未输入用户名 \n" + "请输入用户名");
return false;
    }
 return true;
}
```

代码中 myform 为表单的名称，txtUser 为用户名的名称，value 为 txtUser 的值，也就是用户在单行文本框中输入的数值。fname.length != 0 用来检测单行文本框的字符个数是否为 0，也就是是否为空。fname.substring(i,i+1)用来获取单行文本框中输入的每一个字符，ftext < 9 || ftext > 0 表示获得的字符不能为数字。

第三步：编写一个用于验证密码非空并且不能少于 6 位的函数 passCheck()，该函数没有参数，返回值为 true 或 false，代码如下。

```
function passCheck(){
var userpass = document.myform.txtPassword.value;
if(userpass == ""){
        alert("未输入密码 \n" + "请输入密码");
return false;
}
//Check if password length is less than 6 charactor.
if(userpass.length < 6){
        alert("密码必须多于或等于 6 个字符。\n");
return false;
}
return true;
}
```

第四步：当单击"登录"按钮时，触发表单的提交事件，onSubmit="return validateform()"，

```
<form name="myform" method="post" action="reg_success.htm" onSubmit="return validateform()">
```

从而调用 checkUserName()和 passCheck()函数，代码如下。

```
function validateform(){
 if(checkUserName()&&passCheck())
    return true;
 else
    return false;
    }
```

上述过程的网页文件为 user_password_yz.htm，完成代码如下。

```html
<html>
<head>
<title>验证用户名和密码</title>
<script language = "JavaScript">
 //validate Name
function checkUserName(){
var fname = document.myform.txtUser.value;
if(fname.length != 0){
 for(i=0;i<fname.length;i++){
 var ftext = fname.substring(i,i+1);
        if(ftext < 9 || ftext > 0){
                alert("名字中包含数字 \n"+"请删除名字中的数字和特殊字符");
                return false;
            }
    }
    }
else{
 alert("未输入用户名 \n" + "请输入用户名");
 return false;
        }
  return true;
 }

 function passCheck(){
var userpass = document.myform.txtPassword.value;
 if(userpass == ""){
        alert("未输入密码 \n" + "请输入密码");
 return false;
 }
 //Check if password length is less than 6 charactor.
 if(userpass.length < 6){
        alert("密码必须多于或等于 6 个字符。\n");
 return false;
 }
 return true;
 }
 function validateform(){
 if(checkUserName()&&passCheck())
     return true;
   else
     return false;
      }
 </script>
 </head>
 <form  name="myform"  method="post"  action="reg_success.htm"  onSubmit="return
validateform()">
   <h2 align="center">用户登录</h2>
   <table border="0" align="center">
     <tr>
       <td>用户名：      </td>
       <td colspan="2"><input name="txtUser" type="text" id="txtUser">
  *必填</td>
```

```
        </tr>
    <tr>
        <td>密  码: </td>
        <td colspan="2"><INPUT name="txtPassword" type="password" id="txtPassword">
*必填</td>
        </tr>
        <tr>
        <td height="40" colspan="3" align="center"><P>
          <input name="clearButton" type="reset" id="clearButton" value=" 清空 ">
            <input name="registerButton" type="submit" id="registerButton" value="
登录 " >
        </p>
        </td>
        </tr>
    </table>
    <p align="center"> </P>
</form>
</html>
```

10.6　习题

1．简答题

（1）简述 JavaScript 的特点。

（2）简答网页中应用 JavaScript 的方法及定义。

（3）简述 DHTML 对象模型。

2．项目实战题

（1）应用 Spry 菜单栏构件技术进行如图 10-14 所示的"菜单设计机构图"进行菜单设计。

首页	建设总结	专业建设	师资队伍	教学条件	改革建设	管理制度	办学效益	社会评价
		建设目标	负责人	经费投入	课程改革	教学管理	学生素质	优秀毕业生
		建设思路	队伍结构	实践教学	教学改革	实践教学	职业技能	学生评价
		培养方案	任课教师		教材改革	生产实习	服务能力	企业评价
					教学管理	顶岗实习	示范辐射	
					合作办学			

图 10-14　菜单设计结构图

（2）根据作业"Flash 对联广告"文件夹中的代码素材，设计制作"淮安市高校教学资源共建共享平台"网站开通的宣传标语，效果如图 10-15 所示。

图 10-15　Flash 对联广告效果

第11章

HTML+CSS 页面布局

11.1 DIV 布局基础

11.1.1 理解表现和内容的分离

首先，学习几个概念：内容、结构、表现和行为。

（1）内容：内容就是页面实际要传达的真正信息，包括数据、文档或图片等。注意在此强调的"真正"是指纯粹的数据信息本身，不包含辅助信息，比如导航菜单或装饰性图片等，例如：古诗《登鹳雀楼》中的"白日依山尽 黄河入海流 欲穷千里目 更上一层楼"，这段文本就是要表现的内容。

（2）结构：结构就是对网页内容进行整理和分类。利用结构化标准语言可以使网页内容更加具有逻辑性和易用性。

结构设计的标准语言是 XML（The Extensible Markup Language 可扩展标识语言）和 XHTML（The Extensible HyperText Markup Language 可扩展超文本标记语言）两种语言。关于 XML 与 XHTML 的技术规范请参考 W3C 网站上的相关内容。对古诗《登鹳雀楼》结构化后的代码如下："<p>《登鹳雀楼》</p><p>白日依山尽 黄河入海流</p><p>欲穷千里目 更上一层楼</p>"，在浏览器中的效果如图 11-1 所示。

（3）表现：表现是对结构化的信息进行样式上的控制，例如对颜色、大小、背景等外观进行控制，所有这些用来改变内容外观的称为"表现"。

用于表现的 Web 标准语言主要指 CSS。通过前面对 HTML 和 CSS 的学习，大家就能够理解纯粹的 CSS 布局和 XHTML 相结合能够帮助设计师分离外观与结构，使站点的访问更加方便。对上例中的内容进行 CSS 样式定义后效果如图 11-2 所示。

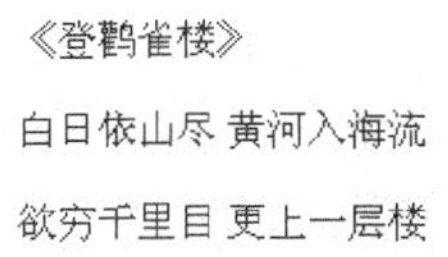

《登鹳雀楼》

白日依山尽 黄河入海流

欲穷千里目 更上一层楼

图 11-1　结构化后的文本效果

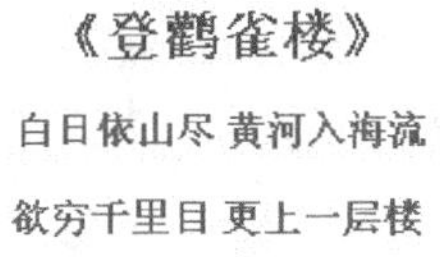

《登鹳雀楼》

白日依山尽 黄河入海流

欲穷千里目 更上一层楼

图 11-2　文本居中并添加了颜色的效果

（4）行为：行为是对内容的交互及操作的效果，例如大家熟悉的 JavaScript 脚本。表现行为的 Web 标准主要有以下两类：DOM（Document Object Model 文档对象模型）和 JavaScript。

11.1.2　选择符的分类

CSS 的主要功能就是将某些规则应用于文档中同一类型的元素，这样可以减少网页设计者的工作。每个样式表就是由一系列的规则组成，每条规则则由两部分组成：选择符和声明。其实所谓的声明就是属性和值的组合。

（1）标签选择符。

标签选择符也称为类型选择符，HTML 中的所有标签都可以作为标签选择符。例如对 body 定义网页中的文字大小、颜色和行高代码如下。

```
body {font-size: 12px;color: #000000;line-height:18px;}
```

（2）类选择符。

类选择符能够把相同的元素分类定义成不同的样式。定义类选择符时，在自定义类的前面需要加一个点号。

例如"欲穷千里目 更上一层楼"文本为红色并且向右对齐：

```
.right {color: #CC0000;text-align:right}
```

调用的方法是<p class="right ">欲穷千里目 更上一层楼</p>

（3）ID 选择符。

在 HTML 页面中 ID 参数指定了某个单一元素，ID 选择符是用来对这个单一元素定义单独的样式。

```
<p id="title1">欲穷千里目 更上一层楼</p>
```

可见<p>标签被指定了 id 名称为 title1。因此，ID 选择符的使用和类选择符类似，只要将 class 换成 id 即可，title 选择符的样式定义如下。

```
#title1{color: #CC0000;text-align:center}
```

（4）伪类选择符。

伪类可以看作是一种特殊的类选择符，是能被支持 CSS 的浏览器自动所识别的特殊选择符。之所以能成"伪"是因为它们所指定的对象在文档中并不存在，它们指定的是元素的某种状态，例如：

```
a:link {color: #000000; text-decoration: none}
a:visited {color: #333333; text-decoration: none}
a:hover {color : #f83800; text-decoration: underline}
a:active {color: #666666; text-decoration: none}
```

为了确保每次鼠标经过文本时的效果都相同，建议在定义样式时一定要按照 a:link，a:visited，a:hover，a:active 的顺序书写。

如果需要对一个选择符指定多个属性，则在属性之间要用分号加以分隔。为了提高代码的可读性，最好进行分行写。

（5）包含选择符。

包含选择符是可以单独对某种元素包含关系定义的样式表。元素 1 里包含元素 2，这种方式只对在元素 1 里的元素 2 定义，对单独的元素 1 或元素 2 无定义，例如：

```
table a{font-size:12px;font-color:#ff0000}
```

表示 table 标签内的 a 对象的样式。这里只定义表格内的超级链接样式，文字大小为 12px，颜色为红色，而表格外的超级链接文字仍然为默认大小。

这样做可以避免使用过多的 id 或 class，直接对所需设置的元素进行样式定义。同时包含选择符可以在两者之间包含，也可以支持多级包含。

（6）选择符组。

把相同属性和值的选择符组合起来书写，用逗号将选择符分开，这样可以减少样式的重复定义。

例如：h1,h2,h3,h4,h5,h6,td{color:#666666}

这里的样式表示 h1,h2,h3,h4,h5,h6,td 中的文本颜色都为灰色（#666666）。

11.1.3 类标签与 id 标签的应用

上面设定的样式只能用于指定的标签，这样需要重复定义规则，非常麻烦，使用 "class" 和 "id" 指定的样式可用于任何标签或指定标签。

基本语法：

```
<style type="text/css">
<!__
标签 1.a1{样式属性:属性值；样式属性:属性值…}
标签 2.a2{样式属性:属性值；样式属性:属性值…}
…
标签 n.an{样式属性:属性值；样式属性:属性值…}
__>
</style>
或
<style type="text/css">
<!__
*.a1{样式属性:属性值；样式属性:属性值…}
*.a2{样式属性:属性值；样式属性:属性值…}
…
*.an{样式属性:属性值；样式属性:属性值…}
__>
</style>
```

语法解释：

.a1~.an 用于定义类名称，*可以是 HTML 标记，也可以省略*。

如果将*替换为标签，则该 class 类只适用于该标签包含的内容。

引用定义的类时，使用"class=类名称"。

　　id 与 class 最大的区别就在于定义样式名称前的符号。用 class 定义样式时用"*.样式名称"，用 id 定义时用"标签名#样式名称"，引用时用"id=样式名称"。

　　样例代码如下：

```
<html>
<head>
<style type="text/css">
.m1{
font-size:14px;
color:#FF3300
}
#m2{
font-size:24px;
color:#3300FF
}
</style>
</head>
< body >
<p class="m1">Class 样式</p>
<p id="m2">ID 样式</p>
</body>
</ html>
```

　　页面效果如图 11-3 所示。

图 11-3　类与 ID 选择符的应用

　　　　在 CSS 中，使用点(.)创建 class 选择器，使用 hash 符号（#）创建 id 选择器，将来引用时，分别使用"class="和"id="。

　　如下所示。

　　类与 ID 选择器的定义：

```
<style type="text/css">
.m1{
font-size:14px;
color:#FF3300
}
#m2{
font-size:24px;
color:#3300FF
}
</style>
```

　　调用 CSS 的代码如下：

```
<p class="m1">Class 样式</p>
```

```
<p id="m2">ID 样式</p>
```

id 和 class 的不同之处在于，一个页面同一个 id 只能使用一次，而 class 没有使用次数限制。id 是一个标签，用于区分不同的结构和内容，就像名字，如果一个班级有两个人同名，就会混淆；class 是一个样式，可以套在任何结构和内容上，就像一件衣服。

从概念上说就是不一样的：id 是先找到结构/内容，再给它定义样式；class 是先定义好一个样式，再套给多个结构/内容。

目前的浏览器大多允许用多个相同 id，一般情况下也能正常显示，不过当需要用 JavaScript 通过 id 来控制 div 时容易出现错误。

11.1.4　元素的继承性与分类

继承性是指样式表的继承规则是外部的元素样式会保留下来继承给这个元素所包含的其他元素。事实上，所有在元素中嵌套的元素都会继承外层元素指定的属性值，有时会把多层嵌套的样式叠加到一起，除非另外更改。

CSS 中最常用的元素类型分为以下几种。

（1）块级元素。块级元素一般是其他元素的容器元素，块级元素都从新行开始，它可以容纳内联元素和其他元素。例如：段落、标题、列表、表格、DIV 和 Body 等元素都是块级元素。

（2）内联元素。如 A、EM、SPAN 元素及大多数的替换元素，它们不必在新行显示也不要求其他元素的新行显示，可作为其他任何元素的子元素。

（3）列表元素。在 HTML 内置有 LI 默认为此类元素。

（4）隐藏元素。在 display 属性的 4 个值中，除了 block、inline 和 list-item 之外，还有一个值 none。当设置为 "display:none" 时，浏览器会完全隐藏这个元素，该元素不会被显示。

11.2　DIV+CSS 布局基础

11.2.1　CSS 盒模型

盒模型（Box Model）是从 CSS 诞生之时便产生的一个概念，是关系到设计中排版定位的关键问题，任何一个选择符都遵循盒模型。现在通过实例来理解盒模型理论。

向一个网页添加一个 DIV 布局对象，在该对象内插入图像 writing.jpg，代码如下。

```
#div1 {
    height: 260px;
    width: 260px;
    margin-top: 30px;
    margin-right: 50px;
    margin-bottom: 30px;
    margin-left: 50px;
    padding-top: 15px;
    padding-right: 30px;
    padding-bottom: 15px;
    padding-left: 30px;
```

```
border: 10px solid #990000;
background-color: #66FFFF
background-image: url(pic/bg.jpg);
background-repeat: repeat;
}
```

CSS 样式编辑完成后，网页效果如图 11-4 所示。

图 11-4　网页预览效果

所谓盒模型，就是把每个 HTML 元素看作装了东西的盒子，盒子里面的内容到盒子的边框之间的距离即为填充（padding），盒子本身有边框（border），而盒子边框外和其他盒子之间还有边界（margin），如图 11-5 所示。

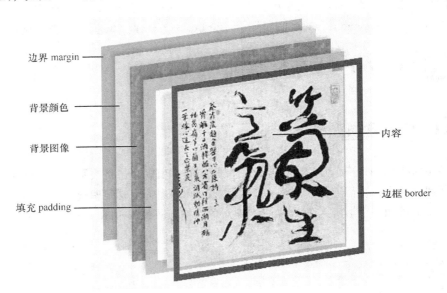

边界 margin

背景颜色

背景图像

填充 padding

内容

边框 border

图 11-5　网页预览效果

CSS 代码中的宽和高，指的是填充以内的内容范围。因此，可以得到以下结论。

一个元素的实际宽度=左边界+左边框+左填充+内容宽度+右填充+右边框+右边界，其实际的宽度计算如图 11-6 所示。

左边框 10px
左边界 50px
左填充 30px
内容宽度 260px

右边界 50px
右边框 10px
右填充 30px

图 11-6　元素总宽度的计算

对于盒模型有一个缺陷，就是浏览器的兼容问题。对于 IE5.5 以前的版本中盒对象的宽度（width）为元素的内容、填充和边框三者之和。因为这个问题，导致许多使用盒模型布局的网站出现浏览器的不一致。因此需要采用一些弥补措施，请参考其他书籍。

11.2.2　CSS 布局基础

（1）创建 DIV 对象。

若要向文档窗口插入 DIV 标签，首先将插入点放置在要显示 DIV 标签的位置。执行"插入"→"布局对象"→"DIV 标签"命令，或者在"插入"栏的"布局"类别中单击"DIV 标签"按钮，选择插入点后，即可完成插入 DIV 对象。

当然大家也可以输入 HTML 代码来创建 DIV 对象。例如：

`<div class="center">此处显示新 DIV 标签的内容</div>`

（2）定位属性。

定位属性 position 用于定义一个元素是否 absolute（绝对）、relative（相对）、static（静态）或 fixed（固定）。定位属性 position 的语法如下。

`position: static|absolute|fixed|relative`

static：static 值是元素的默认值，它会按照普通顺序生成，就如它们在 HTML 中的出现顺序一般。

relative：relative 使元素偏移一定的距离，偏移的方向及幅度由 top、right、bottom 和 left 属性联合指定。

absolute：absolute 使元素从 HTML 普通流中分离出来，并把它送到一个完全属于自己的定位中。通过设置 top、right、bottom 和 left 的值，可以使绝对定位的元素放置到任何地方。

（3）浮动属性。

浮动（float）属性是 CSS 布局中非常重要的一个属性，用于控制对象的浮动布局方式。其语法如下。

`float: none|left|right`

189

该属性的值指出了对象是否浮动以及如何浮动。float 使用 none 值时表示对象不浮动，而使用 left 时，对象将向左浮动，使用 right 时，对象将向右浮动。例如：

```
#Divtest1 {
height: 200px;
width: 200px;
background-color: #ff0000;
float: left;
}
#Divtest2 {
background-color: #ffff00;
width: 300px;
height: 18px;
float: left;
}
```

元素 Divtest1 向左浮动，则元素 Divtest2 也要向左浮动，即浮动到第一个 DIV 对象 Divtest1 的右侧，如图 11-7 所示。

图 11-7　浮动属性效果预览

浮动是一种非常先进的布局方式，能够改变页面中对象的前后流动顺序。在 CSS 中，包括 DIV 在内的任何元素都可以以浮动的方式进行显示。这样做的优点是使得内容的排版变得非常简单，而且具有良好的伸缩性。

如果不希望下一个元素环绕浮动对象，可以使用 clear（清除）属性。"clear：left"将清除左边元素，"clear：right"将清除右边元素，而"clear：both"会清除左边和右边的元素。

当然，定位和浮动属性除了应用于页面中块的布局，也可以用在块内的任何元素，综合定位、浮动、边界、补白和边框，可以设计任何版式。

11.2.3　单行单列结构

单行单列结构是所有网页布局的基础，也是最简单的布局形式。

（1）宽度固定。

宽度固定主要是设置 DIV 对象的 width 属性，举例说明：图 11-7 中的 DIV 标签都属于宽度固定的标签，DIV 在默认状态下，宽度将占据整行的空间。由于设置了布局对象的宽度属性为"width：200px"，高度属性为"height：200px"，因此这是一种固定宽度的布局。

（2）宽度自适应。

自适应布局能够根据浏览器窗口的大小，自动改变其宽度或高度，是一种非常灵活的布局形式。自适应布局网站对于不同分辨率的显示器都能提供最好的显示效果。

单列宽度自适应布局只需要将宽度由固定值改为百分比值的形式即可。如果将图 11-7 中实现的代码中的 width:200，修改为 width:75%，大家可以浏览测试。

（3）单列居中。

上述例子的特点是 DIV 位于左上方，宽度固定或自适应。在网页设计中经常见到的形式是网页整体居中，在传统的表格布局方式中，使用 align="center" 可以实现表格的居中。使用 CSS 的方法也能够实现内容的居中，CSS 代码如下。

```
#Divtest1 {
    height: 80px;
    width:500px;
    background-color:#FFCC00;
    margin-top: 0px;
    margin-right: auto;
    margin-bottom: 0px;
    margin-left: auto;
}
```

预览效果如图 11-8 所示。

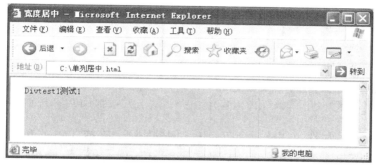

图 11-8　单列居中的效果预览

11.2.4　二列布局结构

（1）二列固定宽度。

二列式布局与单列布局类似，只不过需要两个 DIV 标签和两个 CSS 样式。利用 float 属性来实现两列式布局，CSS 代码如下。

```
#divleft {
    float:left;
    height: 100px;
    width: 200px;
    border: 10px solid #CCFF00;
    background-color: #F2FAD1;
}
#divright {
    float:left;
    height: 100px;
    width: 200px;
    border: 10px solid #00FFCC;
    background-color: #FFFF00;
}
```

在 body 中插入两个 DIV 标签，代码如下。

```
<div id="divleft">此处显示  id "divleft" 的内容</div>
<div id="divright">此处显示  id "divright" 的内容</div>
```

将上述两个样式表分别应用于两个 DIV 对象，如图 11-9 所示。

divleft 和 divright 两个样式都使用了浮动(float)属性。该属性的值指出了对象是否浮动以及如何浮动。Float 设置为 none of 时表示不浮动，而使用 left 时，对象向左浮动，因此对于第 2 个 DIV 来说，将向左浮动，即流到第 1 个 DIV 对象的右侧。使用 right 时，对象将向右浮动。如果将#divright 的 float 值设置为 right，将使得#divright 对象浮动到网页的右侧，而#divleft 对象由于设置了 "float:left" 属性而浮动到了网页的左侧，如图 11-10 所示。

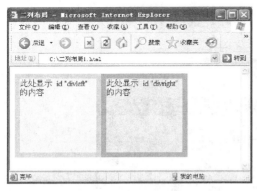 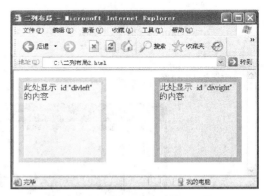

图 11-9　分别将两个样式应用于两个 DIV 对象　　　　图 11-10　单列居中的效果预览

如果结合 margin 属性，调整两个布局块之间的距离。在样式#divleft 和#divright 中添加 "margin:10px"，则第 2 个 DIV 和第 1 个 DIV 之间会保留 20px 的距离，如图 11-11 所示。

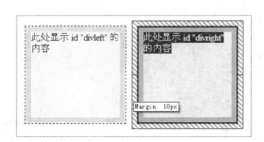

图 11-11　对 divleft 和 divright 设置 margin 属性后的效果

如果没有设置 margin 属性，则由于设置了 "float:left" 的属性，第 2 个 DIV 会紧紧贴着第 1 个 DIV 对象。

（2）二列自适应宽度。

对于二列式布局方式，除了固定宽度，像表格一样还可以做到自适应宽度。从单列自适应布局中可以看出，将宽度值设定成百分比即可实现自适应。

重新定义 CSS 代码如下。

```
#divleft {
    margin:10px;
    float:left;
    height: 150px;
```

```
        width: 30%;
        border: 10px solid #CCFF00;
        background-color: #F2FAD1;
}
#divright {
        margin:10px;
        float:right;
        height: 150px;
        width: 50%;
        border: 10px solid #00FFCC;
        background-color: #FFFF00;
}
```

　　左栏设置宽度为 30%，右栏设置宽度为 50%。这种二分法是常见的一种网页布局结构，左侧一般都是导航，右侧是内容，如图 11-12 所示。

　　上面的结构采用百分比宽度，但是没有占满整个浏览器窗口。如果将右栏的宽度设置为 70%，那么右栏将被挤到第 2 行，从而就失去了左右分栏的效果了，如图 11-13 所示。

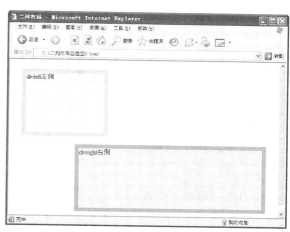

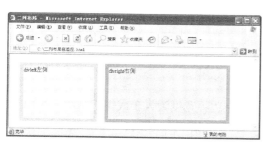

图 11-12　采用百分比宽度的二列布局的布局效果

图 11-13　二列自适应宽度预览效果（一）

　　这个问题的原因是由 CSS 盒模型引起的。在 CSS 布局中，一个对象的真实宽度是由对象的宽度、左右填充、左右边框、左右边界相加组成的。因此，左栏的宽度不仅仅是浏览器窗口宽度的 30%，还应当加上左右填充、左右边框、左右边界。右栏的宽度也应当是浏览器窗口的 70% 加上左右填充、左右边框、左右边界。因此最终的宽度超过了浏览器窗口的宽度，从而使右栏被挤到了第 2 行显示。

　　在实际使用中，如果要达到满屏效果，简单的办法就是避免使用边框和边界属性，CSS 代码如下。

```
#divleft {
        float:left;
        height: 150px;
        width: 30%;
        background-color: #F2FAD1;
}
#divright {
        float:right;
        height: 150px;
        width: 70%;
```

```
        background-color: #FFFF00;
}
```

使用上述代码后，即可实现两列自适应且左右与浏览器填满的效果，如图 11-14 所示。

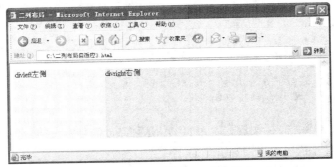

图 11-14　二列自适应宽度预览效果（二）

利用 CSS 定位属性也可以实现两列的自适应布局，其 CSS 代码如下。

```
#divleft {
        float:left;
        height: 150px;
        width: 20%;
        background-color: #F2FAD1;
        position:relative;
}
#divright {
        height: 150px;
        margin-left:22%;
        background-color: #FFFF00;
}
```

#divleft 对象的宽度为 20%，只需要#divright 对象的左边界宽度为大于或等于 20%就可以了。上述代码中 "margin-left:22%" 正是设置#divright 的左边界为 22%，如图 11-15 所示。

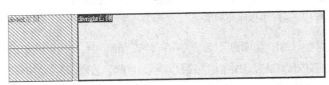

图 11-15　设置#divright 的左边界为 22%

二列自适应宽度布局的实际预览效果如图 11-16 所示。

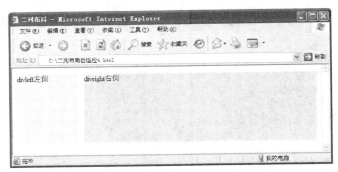

图 11-16　二列自适应宽度预览效果（三）

（3）左列固定、右列宽度自适应。

前面学习了两列宽度均为百分比值，从而实现了两列宽度自适应。在实际使用时，有时需要左栏固定，右栏根据浏览窗口的大小自动适应。实现的方法很简单，只需要将左侧宽度设置为固定值，右栏不设置任何宽度值，并且右栏不浮动，其 CSS 代码如下。

```
#divleft {
        float:left;
        height: 150px;
        width: 20%;
        border: 10px solid #CCFF00;
        margin: 10px;
        background-color: #F2FAD1;
}
#divright {
        height: 150px;
        margin: 10px;
        border: 10px solid #CCFF00;
        background-color: #FFFF00;
}
```

使用上述代码后，左栏宽度固定在 150px，而右栏将根据浏览器窗口的大小自动适应，如图 11-17 所示。

图 11-17　左列固定、右列宽度自适应预览效果

（4）二列固定宽度居中。

在上个核心知识点中介绍了如何使一个 DIV 对象居中显示，在 CSS 代码中使用边界属性"margin:0px auto;"即可实现。

那么，在两分栏结构中，需要控制左分栏的左边界和右边界与右分栏的右边界相等。这时候需要利用 DIV 的嵌套设计来完成。

使用一个 DIV 作为容器，将两列分栏的两个 DIV 放入容器中，从而能够实现两列居中显示。将两分栏的两个 DIV 放入一个 id 为 layout 的 DIV 布局对象中，网页的代码如下。

```
<div id="layout">
<div id="divleft">divleft 左栏</div>
<div id="divright">divright 右栏</div>
</div>
```

上述的 3 个 Div 的 CSS 代码如下。

```
#layout {
    width: 500px;
    margin:0px auto ;
}
#divleft {
    float:left;
    height: 150px;
    width: 100px;
    border: 10px solid #CCFF00;
    background-color: #F2FAD1;
}
#divright {
    float:left;
    height: 150px;
    width:360px;
    border: 10px solid #CCFF00;
    background-color: #FFFF00;
}
```

这里通过 "margin:0xp auto" 设置 "#layout" 的居中属性，从而使里面的内容也居中。根据盒模型理论，一个对象的实际宽度由对象的宽度、左右边界、左右边框、左右填充相加而成，所以 "#layout" 的宽度设置为 500px，即 "100px+360px+20px+20px=500px"。布局的预览效果如图 11-18 所示。

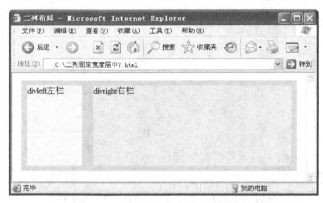

图 11-18 二列固定宽度居中预览效果

11.2.5 三列式布局结构

（1）左右固定宽度中间宽度自适应。

三列式的布局是网页中的常见布局形式。采用浮动定位方式，可以很容易地实现多列固定宽度。以下是三列固定宽度的 CSS 代码。

```
#divleft {
    float:left;
    height: 150px;
    width: 100px;
    border: 10px solid #CCFF00;
```

```
    background-color: #F2FAD1;
}
#divcenter {
    float:left;
    border: 10px solid #22FF00;
    height:150px;
    width: 300px;
    background-color: #F2FAff;
}
#divright {
    float:left;
    height: 150px;
    width:300px;
    border: 10px solid #CCFF00;
    background-color: #FFFF00;
}
```

上述布局的效果如图 11-19 所示。

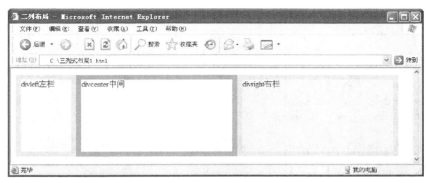

图 11-19　三列固定宽度布局预览效果

三列固定宽度布局在网站中应用比较普遍，通常作为内容分栏，由于三列固定宽度布局不能根据浏览器窗口大小自动适应，所以有很大的局限性。采用三列的自适应布局能够克服这个局限性。

采用三列自适应布局通常需要用到的三列式布局要求左栏固定宽度，并且居左显示，右栏固定宽度并且居右显示，中间栏可以自适应变化。

要实现这种三列式布局，需要用到绝对定位。前面讲到的浮动定位方式是由浏览器根据对象的内容自动进行浮动方向的调整。而绝对定位是根据整个页面的位置进行重新定位。

使用绝对定位之后的对象，不需要考虑它在页面中的浮动关系。因为使用了绝对定位后，对象就相当于一个图层一样漂浮在网页上。

所以下面的实例使用绝对定位将左栏和右栏的位置确定下来，其 CSS 代码如下。

```
#divleft {
    float:left;
    height:150px;
    width:100px;
    border:10px solid #CCFF00;
    background-color: #F2FAD1;
    position:absolute;
    left:0px;
    top:0px;
}
```

```
#divright {
    float:right;
    height:150px;
    width:100px;
    border: 10px solid #CCFF00;
    background-color: #FFFF00;
    position:absolute;
    right:0px;
    top:0px;
}
```

然后，设置中间栏的左边界和右边界，使它的左边界等于左栏的宽度，它的右边界等于右栏的宽度，从而可以使让出的宽度正好显示左栏和右栏。

```
#divcenter {
    border: 10px solid #22FF00;
    height:150px;
    background-color:#F2FAff;
    margin-right:120px;
    margin-left:120px;
    margintop:0px;
}
```

为了达到最好的预览效果，定义 body 标签的边界和填充为 0px，CSS 代码如下。

```
body{
    margin:0px 0px 0px 0px;
    padding:0px 0px 0px 0px;
}
```

最后预览效果如图 11-20 所示。

（2）顶行三列式布局。

顶行的三列式布局结构是顶行自动适应宽度，左右栏绝对定位，中间栏自适应宽度。这是常见的一种网页布局形式。

这里一共需要 4 个 DIV 标签，分别是顶行、左栏、中间栏和右栏，其 DIV 部分的代码如下。

```
<div id="divtop">divtop 顶行</div>
<div id="divleft">divleft 左栏</div>
<div id="divcenter">divcenter 中间</div>
<div id="divright">divright 右栏</div>
```

首先编写#divtop 的 CSS 代码如下。

```
#divtop {
    height:100px;
    border:10px solid #FFFF00;
    background-color: #F2FAF0;
    margin-top:0px;
    margin-right:0px;
    margin-left:0px;
}
```

这里没有设置#divtop 的 width 属性，从而可以实现宽度自适应。中间栏的设置与上例相同，#divleft 中将"top:0px;"修改为"top:120px;"，同样的方法将#divright 中"top:0px;"修改为"top:120px;"。最后浏览效果如图 11-21 所示。

图 11-20　左右列固定中间宽度自适应预览效果

图 11-21　顶行三列式布局预览效果

11.3　实例：数字化教学资源平台网站布局

11.3.1　效果图的分析与切片

本实例是为了让读者更清楚使用 CSS 进行整站布局的方法，所以这里只介绍站点首页的制作方法。其中，站点首页的效果图如图 11-22 所示。

在制作切图时，首先要区分出页面的内容和修饰部分。然后分析出哪些修饰部分是可以用 CSS 代码来实现的，哪些部分是可以用重复背景来实现的，最后要切出需要知道详细宽度的部分。在制作切图时，最好把修饰背景上的文本内容去掉，同时尽量减少图片文件的数量。制作好的首页切图如图 11-23 所示。

图 11-22　站点首页效果图

图 11-23　首页的切片

从图 11-22 可以看出首页在纵向可以分为 3 个部分：头部（包括 logo 部分和导航）、内容部分、底部。其中，中间内容部分又可以分为 3 个部分：左侧的精品课程和专题学习网站部分、中间内容部分、右侧关于我们部分。

分析完页面结构之后，就是切图的制作，其内容包括文本的隐藏、切片的选择、保存格式等方面。下面进行详细的讲解。

从图 11-23 可以看出，切片中作为背景使用的大多是圆角框的部分和含有渐变颜色的部分。其中使用单纯一种颜色的部分，可以用 CSS 来实现。具体哪些修饰部分使用背景图片，哪些修饰部分使用 CSS 制作，将在后面详细介绍。切好图后，将切片导出保存为 html 格式即可。

11.3.2　制作站点的首页头部

效果图切图完成后，就可以开始制作页面了。现在整个页面分成几个部分进行制作，下面分解进行讲解。

1.　首页头部的信息和基础样式的制作

首先制作页面头部信息，主要包括页面标题等，其代码程序如下。

```
<!DOCTYPE    html    PUBLIC    "-//W3C//DTD    XHTML    1.0    Transitional//EN"
"http://www.w3.org/TR/xhtml1/DTD/xhtml1-transitional.dtd">
<html xmlns="http://www.w3.org/1999/xhtml">
<head>
<meta name="robots" content="all" />
<meta name="author" content="HTML 爱好者" />
<meta name="Copyright" content="www.hcit.edu.cn" />
<meta http-equiv="Content-Type" content="text/html; charset=utf-8" />
<meta name="description" content="精品课程，专题学习网站，网络课程，多媒体课件" />
<meta name="keywords" content="HTML,CSS" />
<title>数字化教学资源平台网站</title>
<link href="style/main.css" type="text/css" rel="stylesheet" />
</head>
```

在链接样式的语句后面，第 12 行增加了 link 元素，其目的是附加外部样式表。

第 8 行设置 charset=utf-8，如果网站全部页面都这样设置，可以防止出现乱码页面。

接下来制作页面的基础样式，其代码如下所示。

```
/* 基础样式 */
*{
    margin: 0px;
    padding: 0px;
    font-family: 宋体;  /*定义使用的字体*/
    color:#58595B;
    font-size:11px;
    list-style-type: none;
    text-decoration: none;}
body{
    height: 100%;
    background-color:#5c5c5c;}  /*定义背景颜色*/
img{
    border:none;}
a {  /*定义页面链接的样式*/
```

```
    color: #ffffff;
    text-decoration: none;}
a:link{
    text-decoration:none;}
a:hover {
    text-decoration: underline;}
form {
    margin: 0px;
    padding: 0px;}
.clear{
    line-height:1px;
    clear:both;
    visibility:hidden;}
```

在第 3～10 行代码的基础样式中定义了字体、页面的背景颜色和相关各个页面元素的初始样式，同时取消了可能存在兼容问题的元素的补白和边界。第 14 行的 border：none，表示所有图片没有边框。

2. 首页头部的分析

首先还是对头部的效果图进行分析，其目的是区分页面中内容和修饰的部分。头部的效果图如图 11-24 所示。

图 11-24　页面头部效果图

从图 11-24 中可以看出，头部主要分为两个部分，其中导航列表以上的部分可以采用背景图片的方式实现。导航菜单部分，左侧可以用一个圆角图片背景实现，其余部分可以用一个重复的渐变背景图片实现。每个导航内容之间的白色分割线，可以用背景图片来实现，也可以采用页面添加代码实现。

3. 首页头部结构的制作

在制作头部之前，分析一下现在页面所要显示的效果。此时页面定义背景色为#5c5c5c（一种灰色），而从效果图可以看出，页面的主题部分是白色。所以首先要增加一个用于显示背景颜色的父元素。下面将头部分成 header 和 menu 两个部分，分别制作，其代码如下程序所示。

```
<div id="main">
<!--head-->
 <div id="header">
<!--头部 logo 和 banner 所在的部分-->
    <div class="link"> <a href="#">网站地图 </a>| <a href="#">联系我们
</a></div></div>
  <div id="menu">
    <div class="menulist">
    <div class="menucontent">
      <ul id="nav">
```

```
        <li><a href="#">首页    </a></li>
        <li>|</li>
        <li><a href="#">关于我们</a></li>
        <li>|</li>
        <li><a href="#">精品课程    </a></li>
        <li>|</li>
        <li><a href="#">公告通知    </a></li>
        <li>|</li>
        <li><a href="#">技术支持    </a></li>
        <li>|</li>
        <li><a href="#">网络课程 </a></li></ul>  </div>
    </div>
    <div class="menuleft"></div>
    <div class="clear"></div></div>
```

第 4～6 行定义了 header 部分，这里只定义了两个链接。第 7～22 行定义了 menu 部分，其中包含一个列表，列表项都是一些导航链接。

其中，menulist 元素用来显示导航列表的背景；menuleft 元素用来制作导航列表左侧圆角，分隔各个导航内容的"|"，其实是修饰的一部分。按照 CSS 布局的本质来看，应该制作成背景图片，大家可以尝试使用背景图片来实现。

---

4. 首页头部 CSS 代码的编写

制作完页面结构之后，就可以编写 CSS 部分了。在编写 CSS 部分时，如果发现结构部分存在不合理的地方，要及时修改。

（1）main 部分的样式。

main 部分的样式主要作用是，制作页面白色的背景和除顶部以外的白色边界。具体代码如下所示：

```
#main{
    width:820px;
    margin:0 auto;
    background-color:#ffffff;}
```

（2）header 部分的样式。

header 部分的样式主要用来显示头部的背景图片，同时还要控制元素的居中显示，所以要定义元素的 margin 属性和合适的高度、宽度。同时，由于在 header 部分还存在着两个导航文本，所以要控制 link 元素的位置，使导航的文本显示在正确的位置上。具体代码如下所示。

```
#header{
    width:790px;
    height:155px;
    margin:0 auto;  /* 定义页面居中 */
    background:url(../images/top.jpg) no-repeat right top;}  /* 添加背景 */
.link{
     float:right;
     margin:5px 5px 0 0; /* 精确控制链接文本的位置 */
     color:#ffffff;}
```

定义完以上样式后，页面的显示效果如图 11-25 所示。

图 11-25　定义了头部样式后的效果图

从图 11-25 可以看出，此时头部已经显示正常了，但是下面导航列表的文本却没有了。这是由于在基础样式中定义链接的颜色为白色，同时页面的背景颜色也是白色造成的。

（3）menu 部分的样式。

menu 部分包括两个部分，一个是左侧的圆角框，另一个是导航列表部分。具体代码如下。

```
#menu{
    width:790px;
    margin:0 auto;  /* 显示居中 */
    padding:10px 0 5px 0;}
.menulist{
    width:620px;
    float:right;
    height:28px;
    background:url(../images/index_20.gif) repeat-x;}  /* 添加列表背景 */
.menuleft{
    float:right;
    width:13px;
    height:28px;
    background:url(../images/index_19.gif) no-repeat;}  /* 添加圆角 */
.menucontent ul li{     /* 定义分隔线颜色和列表同行显示 */
    color:#ffffff;
    font-weight:bold;
    float:left;
    margin-top:5px;
    margin-left:10px;
    padding:0px;}
.menucontent ul li a{
    font-weight:bold;    /* 文本的加粗 */
    color:#ffffff;
    margin-bottom:7px;   /* 导航内容链接的精确定位 */
    font-size:13px;}
#nav {
    margin-left:20px;    /* ul 的精确定位 */
    line-height: 16px;
    list-style-type: none;
    font-size:14px;}
```

上述代码中，首先要定义的就是 menu 元素的宽度和居中。接着要使导航列表处于 menu 元素的右侧，所以还要使用浮动属性控制导航元素的位置。

　　　　为了精确定位列表的位置，还要使用相应的补白和边界属性。同时还要定义导航列表的链接样式，使导航文本能正常显示。

定义了以上样式后，页面的显示效果如图 11-26 所示。

图 11-26　定义完导航部分样式后的展示效果

这样首页的头部就制作完成了，接下来制作首页的主体部分。

11.3.3　制作首页的主体部分

首页的主体部分可以分为 3 个部分，分别是左侧精品课程和专题学习网站部分、中间内容部分、右侧的关于我们和欢迎部分。下面分别讲解它们的制作过程。

1．分析主体部分效果图

在制作之前，同样先要分析一下效果图，分清页面中的内容和修饰部分。主体部分的效果如图 11-27 所示。

从图 11-27 可以看出，左侧内容分为 3 个部分，分别为搜索部分、精品课程和专题学习网站。中间内容分为两个部分，分别为展示图片部分和分类服务部分。右侧也可以分为两个部分，关于我们部分和欢迎图片部分。所以可定义 3 个浮动元素分别布局 3 部分内容。

图 11-27　主体部分的效果图

2．制作主体左侧部分的结构

主体左侧部分的结构可以分为下面 3 个部分来制作。

（1）搜索部分的结构。

搜索部分，主要由一个文本框和一个按钮组成。具体结构程序如下所示。

```
<div id="content">
```

```
<!--====左侧内容部分开始====-->
    <div class="left">
        <div class="search">
         <form name="name1" action="" >
           <input type="text" size="20" name="" value="" class="botton_left"/>
           <input type="image" src="images/index_33.gif" name="" class="botton" />
        </form>
        <div class="clear"></div> <!--====清除浮动元素====-->
    </div>
</div></div>
```

第 6 行是一个文本框，第 7 行是一个图像按钮。

　　　　为了控制同行显示，要使用浮动属性，为了兼容其他浏览器，所以还要添加清除
浮动元素。

（2）精品课程列表部分的结构。

　　精品课程列表部分主要由顶部的圆角、列表标题和列表内容构成。具体结构程序如下。

```
<div class="services_lefttop"></div>
<div class="services_lefttitle"><span class="titlewhite"><a href="#">精品 课程
</a></span></div>
        <div class="services_leftcontent">
                <ul>
                    <li><a href="#">网页制作与网站设计 1</a></li>
                    <li><a href="#">网页制作与网站设计 2</a></li>
                    <li><a href="#">网页制作与网站设计 3</a></li>
                    <li><a href="#">网页制作与网站设计 4</a></li>
                    <li><a href="#">网页制作与网站设计 5</a></li>
                    <li><a href="#">网页制作与网站设计 6</a></li>
                </ul>
        </div>
```

第 6~11 行运用了一个列表项，其中设置了 6 个链接。

　　　　在主体结构制作中，将标题部分分成几种颜色进行独立控制，所以使用一个 span
元素来进行控制。因为页面中间部分还有精品课程部分，所以在左侧部分的类名中加
入了 left 字样用来区分。

（3）专题学习网站部分的结构。

　　专题学习网站部分也是由标题和内容两大部分构成的，其中为了确定高度和背景，要将内容
部分放到一个父元素之中。具体代码如下。

```
<div class="newstitle"><span class="titlewhite">专题学习网站</span></div>
    <div class="newscontentbig">
        <div class="newscontent">
            <div class="newscontenttitle"><a href="#">计算机应用技术</a></div>
            <a href="#">Here is some news content can be shown in the latest relevant
news.</a></div>
        <div class="newscontent">
        <div class="newscontenttitle"><a href="#">计算机应用技术</a></div>
        <a href="#">Here is some news content can be shown in the latest relevant
```

```
news.</a></div>
        <div class="newscontent">
        <div class="newscontenttitle"><a href="#">计算机应用技术</a></div>
          <a href="#">Here is some news content can be shown in the latest relevant
news.</a></div>
        <div class="newscontent">
        <div class="newscontenttitle"><a href="#">计算机应用技术</a></div>
          <a href="#">Here is some news content can be shown in the latest relevant
news.</a></div>
        </div>
```

第 4～7 行是内容部分第一条信息。所有的信息都放在一个名为 newscontentbig 的 div 层中。

3．制作主体左侧部分的样式

与结构部分相对应，样式部分也分为 3 个主要部分。在制作具体样式之前，首先要制作页面父元素的样式。

（1）content 和 left 元素的样式。

在 content 元素中，主要定义元素的宽度和居中属性，是主体内容部分和头部对齐。left 部分定义左侧内容的宽度。具体样式程序如下。

```
#content{
    width:790px;
    margin:0 auto 16px;
    padding-top:5px;}
.left{
    float:left;  /*浮动属性进行定位*/
    width:191px;}
```

（2）标题部分样式。

标题部分样式，分别定义在 titlewhite 和 titlered 两个类选择符中。具体样式如下。

```
.titlewhite{
    margin-left:18px;
    font-size:14px;
    color:#ffffff;
    font-weight:bold;
    font-family: "黑体";}  /*定义标题的字体*/
.titlewhite a{  /*定义标题含有链接时的样式*/
    font-size:14px;
    font-weight:bold;
    font-family: "宋体";}
.titlered{
    margin-left:15px;
    font-size:14px;
    font-weight:bold;
    color:#cc0000;
    font-family: "宋体";}
```

（3）搜索部分样式。

搜索部分的样式主要定义表单的位置，文本框的大小、按钮与文本框的间隔等属性。具体代码如下。

```
.search{
    margin-bottom:8px;  /*定义搜索部分与下面内容的间隔*/
    width:191px;}
```

```
.search input{   /*定义左侧的间隔*/
    margin-left:5px;
    height:18px;}
.button_left{
    float:left;    /*定义浮动属性控制元素的位置*/
    display:block;}
.botton{
    float:left;
    margin:0 0 4px 2px;}
```

（4）精品课程列表部分样式。

服务列表部分样式主要包括定义头部圆角、标题和列表。其中包括列表的位置、间隔、字体、链接等样式。具体样式程序代码如下。

```
.services_lefttop{
    width:191px;
    background:url(../images/index_37.gif) no-repeat;   /*定义头部圆角*/
    background-color:#ffffff;
    height:5px;
    font-size:0;}    /*取消默认高度*/
.services_lefttitle{
    background-color:#006699;
    height:20px;}    /*标题部分的高度*/
.services_leftcontent{
    background-color:#e0edf3;   /*定义精品课程列表的背景*/
    height:140px;        /*定义精品课程列表的高度*/
    padding:10px 0 14px 10px;}   /*内容与顶部和底部的间隔*/
.services_leftcontent li{
    margin-bottom:10px;   /*列表内容的间隔*/
    font-size:12px;
    padding-left:20px;
    background:url(../images/ar.gif) no-repeat left;}   /*列表背景*/
.services_leftcontent li a{
    color:#539CC0;
    font-size:12px;}
```

在这部分的样式中，要注意的是关于宽度的部分，要保证内容的宽度不超过父元素的宽度，否则会导致页面的变形。一个可行的技巧是，尽量少定义子元素的宽度，而使用补白和边界属性进行元素定位。因为在水平方向上，默认的宽度和边界会自动填满元素的内容。

　　在列表中，使用背景和补白属性显示列表前修饰图片的技巧。

（5）专题学习网站部分样式。

专题学习网站标题部分和服务部分基本相同，采用背景颜色的方式来修饰，同时精品课程内容部分的父元素中定义合适的高度，用来显示新闻部分的背景，在新闻每一条内容中，用定义边框的样式来进行分隔。具体样式程序代码如下。

```
.newstitle{
    width:181px;   /*注意宽度的计算*/
```

```
    margin:16px 0 0;   /*定义标题与上面内容的间隔*/
    background-color:#006699;
    padding:5px;}
.newscontentbig{
  width:184px;
  height:327px;
  padding:5px 0 3px 7px;    /*定义边界与内容的间隔*/
  background-color:#CDE3EC;}
.newscontent{
  width:177px;
  border-top:#666666 1px dashed;  /*定义虚线分隔内容*/
  padding:3px 0 20px 0;
  line-height:16px;}
.newscontent a{
    color:#58595B;}
.newscontenttitle a{
    text-decoration:underline;    /*新的链接样式*/
    color:#024592;
    font-weight:bold;}
```

此时，左侧新闻内容的具体高度并不能确定，因为要保证左侧内容、中间内容和右侧内容的高度相同，最终的高度确定，要等待其他两个部分的内容确定后才能确定。

定义了以上样式后，页面的显示效果如图 11-28 所示。

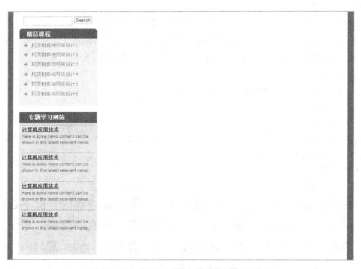

图 11-28　定义左侧内容后的显示效果

4. 制作主体中间部分的结构

中间部分的结构可以分为两个部分：展示图片部分和教学案例库展示部分。

（1）展示图片部分的结构。

展示图片部分的结构比较简单，可以不用任何包含元素，直接放在 middle 元素之中，不过由于 img 元素是内联元素，所以还要增加一个附加的 clear 元素（或者定义展示图片为块元素）来换行显示，具体程序代码如下。

```
<div class="middle">
```

```
<img src="images/show.jpg" class="middle_show" alt="pic" />
<div class="clear"></div>
</div>
```

注意　　　　图片的宽度和高度属于图片的表现部分，所以不要定义在 img 元素中。

（2）教学实例库展示部分。

教学实例库展示部分主要由几个重复的部分组成,其中为了制作各个展示内容之间的分隔线,将 5 个展示的内容分成 3 类、左侧内容、右侧内容和底部中间内容。每个展示部分的图片、标题和内容，都使用相同的样式。具体程序代码如下。

```
<div class="middletitle"><span class="titlered">Services</span></div>
     <div class="middlecontentbig">
         <!__===教学实例库部分左侧内容===__>
       <div class="middleleft">
        <img src="images/pic1.jpg" width="81" height="81" alt="pic" />
        <div class="piccontent">
          <div class="pictitle"><a href="#">网页制作 </a> </div>
          <a href="#">Here is a scenic display of the pictures.</a> </div>
</div>
            <!__===教学实例库部分右侧内容===__>
       <div class="middleright">
        <img src="images/pic2.jpg" width="81" height="81" alt="pic" />
        <div class="piccontent">
          <div class="pictitle"><a href="#">网页制作 </a> </div>
          <a href="#">Here is a scenic display of the pictures.</a></div>
</div>
         <div class="clear"></div>
            <!__===教学实例库部分重复内容===__>
         <div class="middleleft">
        <img src="images/pic3.jpg" width="81" height="81" alt="pic" />
        <div class="piccontent">
          <div class="pictitle"><a href="#">网页制作 </a> </div>
         <a href="#">Here is a scenic display of the pictures.</a></div>
</div>
         <div class="middleright">
          <img src="images/pic4.jpg" width="81" height="81" alt="pic" />
          <div class="piccontent">
            <div class="pictitle"><a href="#">网页制作 </a></div>
          <a href="#">Here is a scenic display of the pictures.</a></div>
</div>
            <div class="clear"></div>
            <!__====教学实例库部分底部居中的内容====__>
          <div class="middlecenter">
          <img src="images/pic5.jpg" width="81" height="81" alt="pic" />
        <div class="piccontentcenter">
          <div class="pictitle"><a href="#">网页制作 </a></div>
        <a href="#">Here is a scenic display of the pictures.</a></div>
          <div class="clear"></div></div>
         </div>
```

这个部分的页面内容比较多，其实并不复杂。因为每个案例库项目展示的部分，都是由图片、图片标题和图片内容 3 个部分组成的。在此基础上，将同样结构的内容分别放在不同的容器中，就构成了教学案例库展示部分的内容了。

5. 制作主体中间部分的样式

对应中间部分的结构，样式部分也可以分为两个部分来讲解。在制作具体内容之前，依旧先定义父元素的样式。

（1）定义 middle 元素的样式。

因为首页和其他级别页面中间部分的宽度是不同的，所以此时可以不定义 middle 元素的宽度，而只定义它的浮动属性，此时 middle 元素的宽度由它所包含的元素决定。具体样式程序代码如下。

```
.middle{
    float:left;
    margin-left:18px;}
.middle a{
    color:#58595b;}
```

该样式中，定义 margin 属性的目的是使 middle 元素中的内容部分与左侧内容之间分开一定的距离，同时定义了中间部分链接的样式。

（2）定义展示图片的样式。

展示图片的样式主要是定义图片的宽度和高度。样式程序如下。

```
.middle_show{
    width:390px;
    height:227px;}
```

（3）教学案例库展示内容部分。

这个部分的样式稍微复杂一点，可以分为以下几个部分进行定义。

① services 标题部分。

services 标题部分是指页面中含有文本 services 的部分，样式程序如下。

```
.middletitle{
    width:390px;
    margin:16px 0 8px;}
```

该样式主要定义了标题部分与上面图片和下面内容之间的间隔。

② 3 个位置的容器和其中图片的样式。

处在左侧、右侧和底部中间的 3 个容器和包含图片的样式，样式程序如下。

```
.middleleft{
    float:left;
    padding-bottom:5px;
    border-right:#666666 1px dashed;        /* 定义分隔线的样式 */
    border-bottom:#666666 1px dashed;
    width:194px;}
.middle img{      /* 定义图片的位置 */
     float:left;}
```

```
.middleright{
    float:left;
    padding-bottom:5px;
    border-bottom:#666666 1px dashed;
    width:194px;}
.middleright img{
    margin-left:10px;}    /* 精确定义图片与分隔线间的距离 */
.middlecenter{
    border-bottom:#666666 1px dashed;
    width:390px;
    line-height:15px;
    padding:5px 0 10px;}   /* 控制图片的精确位置 */
```

这一部分的样式主要是定义各个元素的宽度，以及其中内容之间的精确分隔距离。

③ 定义图片标题和内容的样式。

其中图片标题可以使用一个统一的样式，由于底部中间部分的显示效果会略有不同，所以单独定义。具体样式程序如下。

```
.piccontent{
    float:left;
    line-height:15px;
    margin:3px 0 4px 10px;    /* 精确控制内容的位置 */
    width:90px;        /* 定义内容的宽度、高度 */
    height:80px;}
.pictitle a{        /* 重新定义链接的样式 */
    color:#58595b;
    font-size:11px;
    font-weight:bold;}
.piccontentcenter{
    float:left;
    width:295px;    /* 定义底部中间的独立显示效果*/
    margin-left:5px;
    height:80px;}
```

图片内容和图片的大小都是有限制的，因为此时容器的高度影响内容的多少，过多的内容会导致页面变形。

定义完中间内容的样式后，页面的显示效果如图 11-29 所示。

图 11-29 定义了中间样式后的显示效果

6. 制作主体右侧部分的结构

主体右侧部分的结构可以分为两个部分，关于我们的部分和欢迎图片的部分。

（1）关于我们的部分的结构大致可以分为下面几个部分：头部圆角、标题、内容、更多、底部圆角。具体的结构程序如下。

```
<div class="right">
   <!--====头部圆角部分====-->
   <div class="aboutustop"></div>
   <!--====标题部分====-->
   <div class="aboutustitle"><span class="titlered">关于我们</span></div>
   <!--====内容部分====-->
   <div class="aboutuscontent">
   You are welcome to visit our website, we will be dedicated to serving you!
   You are welcome to visit our website, we will be dedicated to serving you!
   You are welcome to visit our website, we will be dedicated to serving you!</div>
   <div class="aboutusmore">
   <div class="more"><a href="#">more<img src="images/index_144.gif" alt="pic"
/></a></div>
   <div class="clear"></div></div>
   <!--====底部圆角====-->
   <div class="aboutusbottom"></div>
   </div>
```

这里通过 div 分出页面主体右侧部分的结构，上面已经介绍了包括哪些结构，这里只是提醒读者，底部圆角是通过样式来实现的。

为了其他浏览器中能够显示相同的效果，在可能用到浮动属性的地方增加了清除浮动的元素。

（2）欢迎图片的部分。

欢迎图片部分的结构，相对来说要简单得多，只有一个图片部分和一个欢迎文本部分，具体结构程序如下。

```
<!--====欢迎图片====-->
<div class="welcomepic"><img src="images/velcome.jpg" width="171" height="202"
alt="pic" /></div>
<!--====欢迎文本====-->
<div class="welcomecontent"><a href="#">Welcome to Rome</a></div>
<!--====中间总体清除浮动元素====-->
<div class="clear"></div>
```

因为主体内容左侧、中间、右侧 3 个部分的定位中都使用了浮动属性，所以在最后还要添加一个清除浮动的元素，保证页面在其他浏览器中正常的显示。

7. 制作主体右侧部分的样式

对于右侧结构部分，依然分两个方面来定义右侧部分的样式。

（1）制作关于我们部分的样式。

关于我们部分的样式和前面章节讲解的圆角框的制作方法类似。分别用背景图片制作头部和底部圆角部分，然后用背景颜色的方法制作中间内容部分，衔接头部和底部的圆角。具体样式程序如下。

```
.right{
    float:right;}
.right a{
    color:#58595B;}      /*重新定义链接样式*/
.aboutustop {
    width:171px;
    height:6px;
    background: url(../images/index_29.gif) no-repeat;      /*用背景图片制作头部圆角*/
    font-size:0;}
aboutustitle{
    width:171px;
    height:20px;
    background-color:#CDE3EC;}
.aboutuscontent{
    background-color:#cde3ec;
    height:186px;       /*定义容器的高度*/
    width:151px;
    padding:0 10px;        /*容器内容的左右空白*/
    line-height:18px;}
.aboutusmore{
    background-color:#cde3ec;
    width:171px;}
.more{
    float:right;
    margin:0 10px 10px 0;}     /*控制文本的精确位置*/
.aboutusbottom{
    width:171px;
    height:4px;
    font-size:0px;
    background:url(../images/index_53.gif) no-repeat;}   /*制作底部圆角*/
```

这里使用的页面结构并不是最好的页面结构，这一点从制作样式表时就可以看出来。此时，样式表中定义了大量重复的宽度属性，如果给关于我们部分和欢迎部分制作一个父元素，这可以一次性地定义所有的宽度。所以，在制作过程中一定要随时分析页面结构的合理性。

定义父元素后的页面结构程序如下。

```
<div class="right">
            <!--=====首页右侧的父元素=====-->
            <div class="home_right">
            <!--=====中间省略了原来定义的关于我们和欢迎图片部分结构=====-->
        </div>
          <!--=====首页右侧的父元素结束=====-->
        </div>
```

在 home_right 选择符中定义如下样式。

```
.home_right{
    width:171px;}
```

这样就可以去掉其子元素中所有的宽度的定义了。其好处在于更改右侧内容宽度更加简单，不好的地方在于增加了页面元素。

（2）制作欢迎图片部分。

这部分的样式比较简单，其具体代码程序如下。

```
.welcomepic{
    margin-top:16px;}    /*控制图片的位置*/
.welcomecontent{
    background-color:#E0EDF3;
    height:126px;        /*控制背景的高度使其与左侧和中间基本相同*/
    text-align:center;
    padding:10px;}
```

定义了右侧样式后，页面显示效果如图 11-27 所示。

11.3.4　制作首页的底部

首页的底部相对来说简单一些，主要由 3 个部分组成，分别是左侧的圆角、中间的内容、右侧的圆角，其效果图如图 11-30 所示。

图 11-30　底部的效果

底部的页面结构程序如下。

```
<div class="footer">
 <div class="footerleft"></div>
  <div class="footercontent">
      <div class="footercontentleft">欢迎访问本站</div>
       <div class="footercontentright"> 2012 版权所</div></div>
<div class="footerright"></div></div>
```

结构很简单，左右两侧是用来制作圆角的，中间的内容又分为左右两个部分。

上述代码的样式程序如下。

```
.footer{
   margin:0 auto;    /* 定义父元素的居中 */
   width:790px;
   height:36px;
   padding-bottom:5px;}
.footerleft{
    float:left;
    background:url(../images/index_83.gif) no-repeat left;   /* 制作左侧圆角 */
    width:5px;
    height:26px;}
.footercontent{
    float:left;
    width:780px;
    height:26px;
    background-color:#006699;}       /* 内容部分的背景 */
.footercontentleft{
    float:left;
```

```
    margin:3px 0 0 10px;
    color:#ffffff;
    font-weight:bold;}
.footercontentright{
    float:right;
    margin:3px 0 0 10px;
    color:#ffffff;
    font-weight:bold;}
.footerright{
    float:left;
    background:url(../images/index_86.gif) no-repeat right;  /* 制作右侧圆角 */
    width:5px;
    height:26px;}
```

第 2 行是定义父元素的居中，这种方法在界面设计中常常碰到。第 8 行和第 28 行制作的是圆角界面。

11.4　习题

1．简答题

（1）简述 CSS 盒模型的原理？

（2）简述单行单列布局、二列布局、三列布局结构应用？

2．项目实战题

根据素材与项目 word 文档使用 DIV+CSS 布局某证券公司界面，如图 11-31 所示的网页页面。

图 11-31　网站首页 DIV+CSS 布局效果

第12章

网站的测试与发布

12.1 网站的整合

整合网站主要是指从全局角度设置网站的超链接，以便对网站进行全面的测试。

当网站的所有页面都制作完毕后，用户一定要注意从以下几个方面正确设置网站的超链接。

1. 正确设置绝对路径链接

以庄辉个人网站为例，网站中的友情链接均为绝对路径链接，因此在设置链接地址时，地址的开头必须以 http://开始，否则，超链接将出现打不开目标页面的错误。

2. 框架页面之间的链接

在很多网页中，常在一个框架中显示一个所有网页内容的目录，而通过单击其中的某项，在另一个框架中显示相应内容。这些目录是热点文本，需要在框架之间建立超链接，并指明显示的目标文件的框架。

3. 将空链接或临时链接设置为实际链接地址

检查网站中的空链接并设置这些链接地址。

4. 特殊文件的存放位置

在某些使用模板和库项目的网站中，要特别注意模板文件和库项目文件应分别存放在站点根目录下的\Templates 和\Lib 文件夹下。这些文件夹的位置和名称不能改变，直接关系到基于模板建立页面的超链接地址。

12.2　本地站点测试网站

将站点上传到服务器并声明其可供浏览之前，建议用户先在本地对其进行测试。实际上，在站点建设过程中，建议用户经常对站点进行测试并解决所发现的问题，以避免重复出错。

12.2.1　网站测试的参数

网站测试时，应该确保页面在浏览器中如预期的那样显示和工作，而且没有断开的链接，页面下载也不会占用太长时间。

网站测试主要内容如下。

1．确保页面在浏览器中的显示达到预期效果

页面在不支持样式、层、插件或 JavaScript 的浏览器中应清晰可读且功能正常。对于在较早版本的浏览器中根本无法运行的页面，应考虑使用"检查浏览器"行为，自动将访问者重定向到其他页面。

2．在不同的浏览器上预览页面

用户应当在不同的浏览器查看页面布局、颜色、字体大小等方面的区别，这些区别在不同浏览器的检查中是无法预见的。

3．检查站点是否有断开的链接

由于其他站点也存在重新设计网站的可能，所以页面中链接的目标页面可能已被移动或删除。用户可运行链接检查报告来对链接进行测试。

4．监测页面的文件大小以及下载时间

由大型表格组成的页面在浏览器中完全加载之前，访问者将什么也看不到。应考虑将大型表格分为几部分，如果用户无法做到这种设计，则考虑将少量内容（如欢迎词或广告横幅）放在表格以外的页面顶部，这样浏览者可以在下载表格的同时查看这些内容。

5．运行站点报告来测试并解决整个站点的问题

用户可以检查整个站点是否存在问题，如无标题文档、空标签以及冗余的嵌套标签等。

12.2.2　实例：测试书法家庄辉个人网站

书法家庄辉个人网站的试过程如下。

1．打开网站

启动 Dreamweaver，打开已经建立的"zh"站点指向"庄辉个人网站"文件夹。

2. 配置测试环境

本站采用的测试环境是 Windows xp 操作系统+IE 6.0 浏览器。

3. 制定测试方案

本网站的主要测试工作包括以下几方面。
- ➤ 站点浏览器的兼容性检查。
- ➤ 站点的链接检查。
- ➤ 在浏览器里预览整个站点的所有页面，检查可能存在的其他问题。

本网站采取的测试方法是先进行各栏目测试，经过修改和调整以后，再进行总体测试。

4. 检测浏览器的兼容性

Dreamweaver 的"浏览器兼容性"功能可以检测当前 HTML 文档、整个站点或站点窗中的一个或多个文件/文件夹在目标浏览器中的兼容性，查看有哪些标签属性在目标浏览器中不兼容，以便对文档进行修正更改。

"浏览器兼容性"功能可以检测 Internet Explorer 2.0 及以上版本、Netscape Navigator 2.0 及以上版本和 Opera 2.1 及以上版本等浏览器的兼容性。检侧的主要方法如下所述。

如果需要检查单一 HTML 文档，可以先在 Dreamweaver 窗口中打开需要检查的 HTML 文档，然后选择菜单"文件"→"检查页"→"浏览器兼容性"命令，稍等片刻后，即可看到目标浏览器的兼容报告，如图 12-1 所示。

图 12-1　目标浏览器的兼容报告

5. 检查站点的链接错误

对于一个拥有几百个文件的大型网站，随着时间的推移，难免会出现一些失效或无效的链接文件，可以通过 Dreamweaver 内置的"链接检查器"功能来检查并修复这些失效或无效的链接文件。

"链接检查器"功能可以用来检查当前打开的单一文件、文件夹或者整个本地站点文件。在"文件"面板上网站文件夹选项单击鼠标右键，在弹出快捷菜单中选择"检查链接"下的"整个本地站点"命令，稍等片刻后，即可在"链接检查器"选项卡中看到链接检查结果，如图 12-2 所示。

图 12-2　"链接检查器"中对整个站点链接的检查结果

用户可以从"显示"下拉列表中选择要检查的链接方式。

> 断掉的链接：检查文档中是否存在断掉的链接。这是默认选项。

> 外部链接：检查文档中的外部链接是否有效。

> 孤立文件：检查站点中是否存在孤立文件，这个选项只有在检查整个站点时才启用。

如果需要，用户可以单击"链接检查器"选项卡右侧的"保存"按钮将这些报告保存成一个文件。

6. 修复错误的链接

用户可以通过"属性"面板和"链接检查器"来修复链接，也可以通过错误原因分析问题进行修改。

针对图 12-2 中的错误信息，分析是模板"庄辉"中添加的空链接，所以打开"Templates"文件夹中的"zh.dwt"文件，进入代码视图，删除空余的超级链接，更新页面即可。

7. 运行报告测试站点

用户可以对当前文档、选定的文件或整个站点的工作流程或 HTML 属性运行站点报告，还可以使用"报告"命令来检查站点中的链接。

工作流程报告可以改进 Web 小组中各成员之间的协作。用户可以运行工作流程报告，这些报告可以选上谁取出了哪个文件、哪些文件具有与之关联的设计备注以及最近修改了哪些文件。

HTML 报告使用户可以对多个 HTML 属性编辑和生成报告。

运行报告测试站点的方法如下。

第一、执行菜单"站点"→"报告"命令，显示"报告"对话框。

第二、在"报告"对话框中，从"报告在"下拉列表中选择要报告的内容，并设置要运行的任意一种报告类型（工作流程或 HTML 报告），如图 12-3 所示。

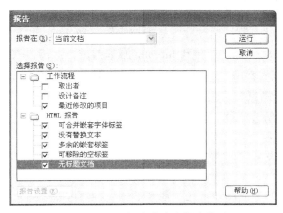

图 12-3　设置报告内容和报告类型

对话框中各个选项的含义如下。

> 取出者：创建一个报告，列出某特定小组成员取出的所有文档。

> 设计备注：创建一个报告，列出选定文档或站点的所有设计备注。

> 最近修改的项目：创建一个报告，列出在指定时间段内发生改变的文件。

> 可合并嵌套字体标签：创建一个报告，列出所有可以合并的嵌套字体标签以便清理代码。

> 没有替换文本：创建一个报告，列出所有没有替换文本的 img 标签。在纯文本浏览器或设为手动下载图像的浏览器中，替换文本将替代图像出现在应显示图像的位置。

> 多余的嵌套标签：创建一个报告，详细列出应该清理的嵌套标签。

> 可移除的空标签：创建一个报告，详细列出所有可以移除的空标签以便清理 HTML 代码。

> 无标题文档：创建一个报告，列出在选定参数中找到的所有无标题的文档。

单击"运行"按钮，创建报告，自动打开浏览器显示的报告结果。同时，"站点报告"选项卡中将显示一个结果列表，如图 12-4 所示。

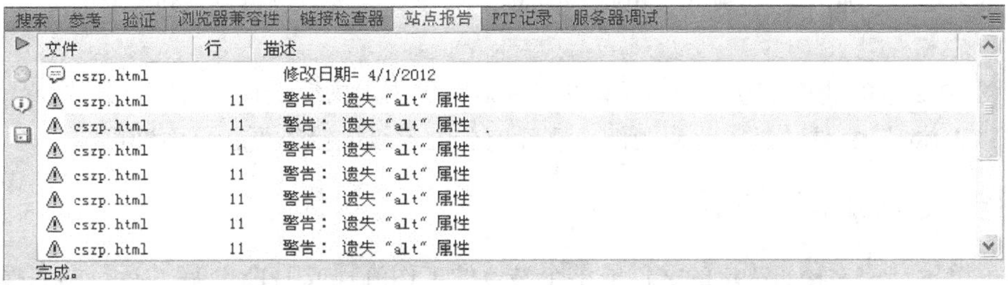

图 12-4　设置报告内容和报告类型

8．运行报告

运行报告后，用户可以单击"站点报告"选项卡左侧的"保存"按钮，打开"保存在"对话框，将报告保存成一个 XML 文件。然后将该文件导入模板实例、数据库或电子表格中，再将其打印出来或显示在网站上。

12.3　网站的发布

网页设计好并在本地站点测试通过后，必须把它发布到 Internet 上才能形成真正的网站。网页的上传一般是通过 FTP 软件工具连接到 Internet 服务器进行上传。FTP 软件很多，有 CuteFTP、LeapFTP 等，也可以使用 Dreamweaver 的站点管理上传网页。Dreamweaver 内置了 FTP 上传功能，可以通过 FTP 实现在本地站点和远程站点之间的文件传输。

在这个阶段主要解决两个问题：域名注册与申请空间。

12.3.1　域名申请

域名是企业、机构或个人的网络标识，是通过计算机登录网络的企业、机构或个人在 Internet 网中的地址。国际域名主要分为.com、.net 和.org3 种。其中，其中最具商业价值的是.com 域名，拥有一个涵义深刻且简单易记的域名，是一个网站成功的首要前提。

国际域名的资源十分有限，为保证更多的企业、机构和个人申请的要求，各个国家和地区在域名最后加上了国家标识段，由此形成了各个国家和地区自己的国内域名，例如中国.cn、日本.jp 等。另外，还有中文域名，例如 CNNIC 中文通用域名（中文.cn）。

注册域名是企业上网的第一步，只有注册了域名才能让客户在网上知道自己的位置。

12.3.2　申请空间

一个完整的网站系统其实就是一组文件，它提供给网络用户浏览，这些文件要占据一定的硬盘空间，即所谓的网站空间。除一些大型的网站和占用空间大的站点采用自己建设的 Web 服务器外，一般建站的用户均采用虚拟主机来完成，因此，一般的网站空间也叫虚拟主机。

一般来说，企业网站的空间通常都比较小，多采用 100MB～200MB 左右的空间即可。用以提供影视下载、在线点播服务等的娱乐性质的网站要大一些的空间。大型网站一般拥有自己的服务器。

域名的申请与空间的申请这两个问题通常可以一并解决，大家可以登录到 www.net.cn（中国万网）去申请域名与空间，具体方法浏览网站帮助即可。申请成功后服务提供商将会给你 FTP 空间的地址以及用户名与密码。

12.3.3　申请免费域名、空间

在此申请一个免费空间进行讲解，具体步骤如下。

（1）打开百度网站，在搜索框中输入"免费空间"进行搜索，在搜索结果中，点击"免费空间 5944.net 中国最好的动态免费空间站"超链接，如图 12-5 所示。

图 12-5　5944.net 免费空间网站主页

（2）点击"免费空间注册登录"按钮，填写注册信息，如图 12-6 所示，用户名为 zhang888666，密码为 123456，点击"注册"按钮。

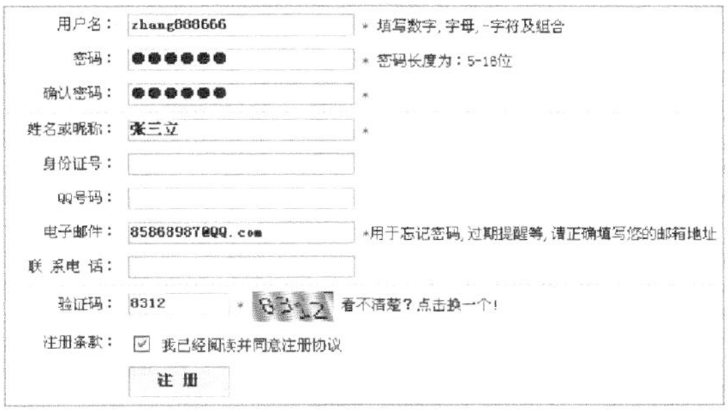

图 12-6　5944 免费空间网站主页

（3）注册成功后，弹出"注册成功"对话框，点击"确定"按钮后弹出如图 12-7 所示的网站空间的相关信息。

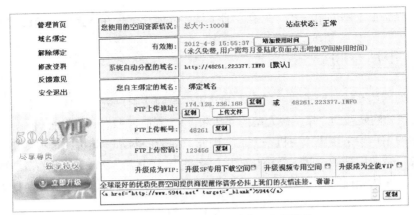

图 12-7　网站提供的免费域名、空间信息

通过图 12-7 可以获得，申请的免费域名为：http://48261.223377.info，免费空间的用 IP 地址为：174.128.236.168，用户名为：48261，密码为：123456。

12.3.4　设置远程站点

当申请了空间与域名后，本地站点建立的文件可以通过 FTP 协议上传到远程的 FTP 或 Web 服务器上。设置远程站点信息的具体步骤如下。

（1）选择菜单"站点"→"管理站点"命令，打开"管理站点"对话框，如图 12-8 所示。

（2）在"管理站点"对话框的站点列表中，当前站点已经被突出显示。在该对话框中选择一个需要设置远程站点信息的站点"zh"，然后单击对话框中的"编辑"按钮。

（3）此时系统会弹出"站点定义"对话框。在该对话框的"分类"列表中选择"远程信息"类别，点击"添加新服务器"按钮，设置远程站点的服务器访问方式，如图 12-9 所示。

图 12-8　"站点管理"对话框

图 12-9　"添加新服务器"对话框

（4）单击"保存"按钮进行确认并关闭该提示框，返回"站点定义"对话框，单击"完成"按钮，返回站点窗口。

12.3.5　连接服务器

定义了远程站点后，还必须建立本地站点和 Internet 服务器的真正连接，才能真正构建远程站点，其步骤如下。

（1）在站点窗口中显示要上传的本地站点。

（2）单击站点窗口上方的"连接"按钮 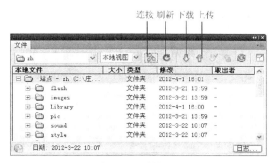，如图 12-10 所示。

图 12-10　"文件"面板中的链接服务器选项

（3）连接成功后，会在站点窗口的远程站点窗格中显示主机的目录，它将作为远程站点根目录。同时原先的"连接"按钮 转变为"断开连接"按钮 。

12.3.6　文件的上传和下载

在设置本地站点信息和远程站点信息后，就可以进行本地站点与远程站点间文件的上传及下载操作。具体的操作步骤如下。

（1）在 Dreamweaver 中设置本地和远程服务器信息。

（2）将本地计算机连入 Internet。

（3）在"站点管理"窗口中打开欲进行上传或下载文件操作的站点，将 Dreamweaver 与远程服务器连通，接通后，"站点管理"窗口左边的"远程站点"窗格中显示远程服务器中的文件目录。选中本地站点，单击"上传"按钮，本地站点中的所有文件将逐个上传到远程站点，如图 12-11 所示，上传后的效果如图 12-12 所示。

图 12-11　将文件逐个上传到远程站点

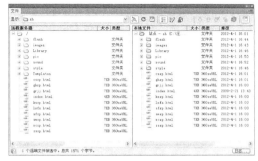

图 12-12　上传后的效果

（4）与远程服务器连通后，就可以在"站点管理"窗口中上传及下载站点文件。

➤ 上传站点文件：从"本地文件"窗格中选择文件，然后将它们拖放到"远端站点"窗格的某个文件夹中；或者从"本地文件"窗格中选择文件，然后单击"上传"按钮⬆。

➤ 下载站点文件：从"远端站点"窗格中选择文件，然后将它们拖放到"本地文件"窗格的某个文件夹中；或者从"远端站点"窗格中选择文件，然后单击"下载"按钮⬇。

由于不同用户的连接速度不同，可能需要经过一段时间的等待，然后在"远端站点"（或"本地文件"）窗格中出现上传（或下载）的文件。

12.3.7　测试发布后的网站

在整个网站上传成功后，打开 IE 浏览器，在地址栏中输入：http://48261.223377.info/网站地址，浏览效果如图 12-13 所示。

图 12-13　浏览 http://48261.223377.info/的效果

12.4　习题

1．简答题

（1）测试网站主要包括哪些方面的测试？

（2）简述使用 Dreamweaver 发布网站的过程。

2．项目实战题

综合使用网页制作的各种技术发布素材文件夹中的网页，发布后效果如图 12-14 所示。

图 12-14　网站效果

第13章

淮安市专用汽车制造有限公司网站建设

13.1 项目目标与项目展示

13.1.1 项目展示

淮安市专用汽车制造有限公司网站效果图如图 13-1 所示。

图 13-1 淮安市专用汽车制造有限公司网站效果图

13.1.2 项目目标

➤ 掌握网站前期策划与内容组织技巧。

> 掌握网站页面效果图的设计与制作方法。
> 掌握网页编辑与动画设计方法。
> 掌握网站管理系统的使用方法与技巧。

13.2 项目资讯

13.2.1 网站需求分析

要进行网站的整体设计，用户分析是第一步。众所周知，进行任务和用户分析，以及相关调研的必要性和重要性。用户是计算机资源、软件界面信息的使用者，由于目前计算机系统以及相关的信息技术应用范围很广，其用户范围也遍及各个领域。设计者必须了解各类用户的习惯、技能、知识和经验，以便预测不同类别的用户对网站界面有什么不同的需求与反应，为最终的设计提供依据和参考，使设计出的网站更适合于各类用户的使用。由于用户具有的知识、视听能力、智能、记忆能力、可学习性、动机、受训练程度不同，以及又有些用户有易遗忘、易出错等特性，使得对用户的分类、分析和设计变得更加复杂。另外，为了设计友好而又人性化的界面，也必须考虑各类不同类型用户的人文因素。许多人不愿花费时间来完成这个阶段，认为没有必要，但是必须把初始计划加入工作过程中，否则到最后当进行到已经无法再作计划的时候，就要遇到巨大的麻烦。在一开始就进行合适的计划和组织是建立一个有效的站点最重要的工作步骤。

淮安市专用汽车制造有限公司网站旨在，能使任何人在任何时候、任何地方都能借助网络了解公司的基本情况与最新的产品信息。

淮安市专用汽车制造有限公司网站的功能示意图如图 13-2 所示。

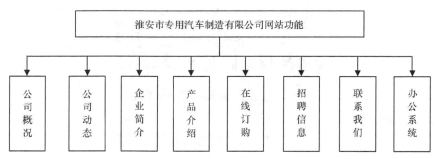

图 13-2　淮安市专用汽车制造有限公司网站的功能示意图

13.2.2 网站的风格定位

首先要了解网站的类型，确定一个大致的风格走向，不同网站的风格肯定是不同的。营造出各种类型的氛围，需要对各种行业有敏感的洞察力，如果设计者还不是很熟悉这个行业，不知道什么样的风格是适合它的，大致该用什么样的色调和笔触，那么花一定时间先做一些调查和学习是必要的。这样可以保证在设计者的脑海里有一个较为确定的概念，并不一定会马上或明显地显露到工作中去，但是必然会对设计者的工作产生专业的影响。

　　淮安市专用汽车制造有限公司网站是专业的专用汽车制造类网站，它的主要用户为城市的环保部门，同时也是环保类的网站，所以采用绿色为主色调，因为绿色代表生命，代表健康，代表活力，是充满希望的颜色。绿色不仅仅是由树木、花草构成的风景，而且是安全、健康、清洁等美好事物与节约资源、减少污染的象征。另外为了突出网站的热情、充满活力，在网站上又运用了橙色，让用户第一眼就被网站亮丽的色彩所吸引。

13.2.3　规划草图

　　对于一般的网站来说，一个项目往往从一个简单的界面开始，但要把所有的东西组织到一起并不是件容易的事情。首先，要先画一个站点的草图，勾画出所有客户想要看到的东西。然后，将它详细地加以描述使美工人员知道在每一屏上都要显示哪些内容。图 13-3 所示为本站的草图。

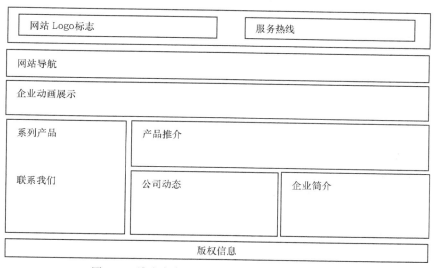

图 13-3　淮安市专用汽车制造有限公司网站的草图

13.3　项目计划

　　虽然每个 Web 站点在内容、规模、功能等方面都各有不同，但是有一个基本设计流程可以遵循。从国内大的门户站点如搜狐、新浪到一个微不足道的个人主页，都要以基本相同的步骤来完成。本网站的开发流程同样如此，如图 13-4 所示。

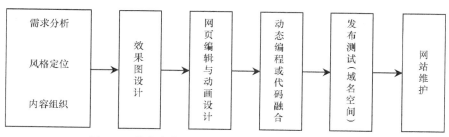

图 13-4　淮安市专用汽车制造有限公司网站的制作流程

13.4 效果图与静态页面制作

13.4.1 效果图设计

效果图制作的原则是：先背景，后前景，先上后下，先左后右。

本系统最终的效果图如图 13-1 所示。

制作软件：Photoshop CS 各种版本，本实例采用的是 Photoshop CS5 中文版。

针对此网页的效果图，采用前面谈的先背景，后前景，先上后下，先左后右的设计原则进行设计。

本效果图设计中用到的主要知识：

➢ 辅助线的应用

➢ 图层样式与图层混合模式的应用

➢ 选择工具的应用

➢ 文字工具的使用

➢ 选框工具的使用

➢ 铅笔工具的使用

➢ 自由变化的应用

本网站的详细制作步骤如下。

（1）打开 Photoshop 软件，新建文件命名为"淮安市专用汽车制造有限公司"，大小为 1000×1200，背景色为"白色"，执行"视图"-"新建参考线"命令，添加 3 条垂直辅助线（依次为 2px，240px，998px），添加 9 条水平辅助线（依次为 2px，105 px，145px，155px，363 px，415px，1075px，1185px，1198px），如图 13-5 所示。

（2）然后使用矩形选框工具选中矩形区域（[2,2]，[998,1198]），将其区域进行描边，宽度为 1px，颜色为绿色（#5f9507），位置为居中。

（3）打开"公司标志.psd"，将公司标志放到文件左上角去，调整其大小，然后添加"淮安市专用汽车制造有限公司"和"Huaian Special Purpose Vehcle Manufacturing Co.,Ltd."两行网站名称，文字大小为 24px，颜色为"#00591B"，字体为"经典综艺体"（将素材文件夹中的字体文件复制到 C 盘 windows 下的 font 文件夹即可），如图 13-6 所示。

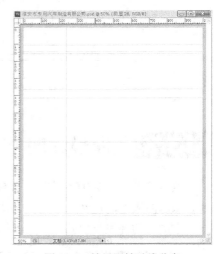

图 13-5　效果图辅助线分布

图 13-6　添加公司标志与文字的效果

（4）在右上角输入"服务热线：8000-800-800"，大小为"18px"，文字颜色为绿色（#01541b），号码颜色为橙色（# f6820a）。打开"小图标 1.gif"和"小图标 2.gif"文件，分别将两个图标放到其下方，然后在每个图标的后面分别输入"English(new)、English(old)"，大小为"14px"，颜色为"#01541B"，调整位置后，如图 13-7 所示。

（5）新建图层，使用矩形选框工具，调整固定大小为：宽度"994px"，高度"40px"，将其放在水平第 2 条与第 3 条参考线中间，用渐变工具从深绿色"#3c7102"到绿色"#73a80b"将其填充，设置如图 13-8 所示，最终效果如图 13-9 所示。

图 13-7　右上角效果

图 13-8　"渐变"效果设置

图 13-9　添加导航背景后的效果

（6）新建图层，取名为分隔线，在垂直参考线 127px 位置时，选择单列选框工具，然后设置前景色"#79aa20"，背景色为"#e0f4b8"，使用渐变进行填充，最后将多余的线删除。按住<Alt>+<Shift>组合键，复制六条分隔线。同时选中七条分隔线图层，点击水平居中分布，最后，按住<ctrl>+<E>组合键将分隔线所在图层合并。在导航上分别输入"网站首页、公司概况、公司动态、产品介绍、办公系统、在线订购、招聘信息、联系我们"，字体为"宋体"，大小为"14px"，颜色为白色，用上述同样的方式将其水平居中分布。效果如图 13-10 所示。

图 13-10　整个导航完成后的效果

（7）新建图层，在水平参考线第 3、4 条之间选取高 10px 的区域，进行前景色为"#ececec"的填充，使得导航与下面的图像有明显的间隔。然后打开素材中的"图 1.jpg"，将其放到文件中。在图 1 上面空白处输入文字"城市让生活更美好　永旋让城市更环保！"，字体为"黑体"，字号为"24"，颜色为"#4cc9e7"，用白色将其描边。最终效果如图 13-11 所示。

图 13-11　完成后的效果

（8）打开"图标 1.jpg"，将它放置在第 5 条与第 6 条水平参考线之间。再打开"图标 2.jpg"，放在图标 1 的左上方，在图标 2 后面输入"系列产品"，字体为"方正大黑简体"，大小为"14 点"，颜色为"#3f8f36"。打开"图标 3.jpg"，将图标拖曳至图标 1 下方，按住鼠标左键与<Alt>键，复制同样的 9 个图标，按照类似上述步骤（6）的方式，将 10 个图标对齐，并合并图层。在图标后面相应输入"疏通吸污车（联合）系列、罐式车系列、粉粒物料运输车系列、铵油炸药现场混装车系列、垃圾压缩车系列、自卸车系列、集装箱运输车系列、厢式车系列、低平板半挂车、栏板半挂车"，字体为"宋体"，大小为"14 点"，颜色为黑色，将文本对齐后，效果如图 13-12 所示。

（9）新建图层，使用"矩形选框工具" ，属性的样式设置分别为：样式为固定大小，宽度为 216px，高度为 396px。执行菜单下的"修改"→"平滑"命令，取样半径为 5px，确定选区，然后使用前景色"#ffad20"，背景色"#fa7f18"，进行渐变填充，并对此框进行"#ed6c04"描边，宽度为 2px。打开"图标 4.jpg"，将其放在左上角，在其后输入"联系我们"，字体为"方正大黑简体"，大小为"16 点"。新建图层，再用上述同样的方式画一个半径为 5px，宽为 204px，高为 340px 的矩形，填充白色，然后打开选择菜单下的"修改"→"收缩"3px，填充"# ececec"，再收缩 1px，填充白色。如图 13-13 所示。

（10）新建图层，画一个宽为 184px，高为 45px，半径为 5px 的矩形，将其描边，宽度为 1px，颜色为"# ececec"，将其复制 5 个，对齐，合并图层。打开"图标 5.jpg、图标 6.jpg、图标 7.jpg、图标 8.jpg、图标 9.jpg"分别放在刚做好的框中，其中第 3 个框上的图标需要复制"图标 6.jpg"。再在每个图标后面输入"李经理、销售电话、服务电话、传真、QQ 号码、电子邮箱"，字体为"方正大黑简体"，大小为"14 点"，颜色"# 999898"，在对应的文字下方输入"13000000000、0517-88888888、0517-88888888、0517-88888888、88888888、8888@sohu.com"，字体为"方正大黑简体"，大小为"12 点"，颜色为"# fea620"，结果如图 13-14 所示。

图 13-12　制作"系列产品"模块　　　图 13-13　"联系我们"背景　　　图 13-14　"联系我们"完成效果

（11）新建图层，用单列选框工具选中垂直参考线 240px，用"#ececec"进行填充，删除多余的部分。打开"图标 10.jpg"，将其放置右边，在图中合适位置输入栏目名"新品推荐"，字体为"方正大黑简体"，大小为"14 点"，颜色为"#3f8f36"，将其描边，宽度为 2px，颜色为白色。在图标的右边输入"更多"，字体为"宋体"，大小"12px"，颜色"#3f8f36"。 结果如图 13-15 所示。

图 13-15　"新品推荐"标题完成后的效果

（12）打开"产品 1.jpg、产品 2.jpg、产品 3.jpg、产品 4.jpg、产品 5.jpg、产品 6.jpg、产品 7.jpg、产品 8.jpg"，分别将其放置于两行，调整其大小，并将其对齐。在各产品下面输入相对应的产品型号与产品名称，"HYG5070GQX、HYG5162GXW、HYG5275GXW、HYG5160GQX、HYG5290GXW、HYG9400GXW、HYG5151GXW、HYG5252GXW"，"下水道疏通车、多功能联合吸污车、多功能联合吸污车、下水道疏通车、干式物料吸排车、半挂式吸污车、吸污车、吸污车"，字体为"宋体"，大小为"12 点"，颜色为黑色。将其对齐。新建图层，选择"圆角矩形工具"，用路径的方式画一个半径为 5px 大小合适的矩形，用 1px 的灰色对路径进行描边，将路径载入选区，用白色到灰色将其进行渐变填充。在矩形框上输入"产品详细介绍"，字体为"宋体"、大小为"12 点"、颜色为"ff0000"。将矩形框与文字相链接，复制 7 个，分别放在产品名称下方，将其对齐排列。结果如图 13-16 所示。

（13）新建图层，做一个矩形框，宽为 350px，高为 240px，对其进行描边，像素为 1px，颜色为灰色"#ececec"。打开"图标 11.jpg"，将其拖曳到矩形框中，如上述（11）中给文字"公司动态"添加样式，再在其后输入"更多"。用同样的方式做出右边的矩形框，分别在两个矩形框空白处添加文字，完成后的效果如图 13-17 所示。

图 13-16　"新品推荐"完成后的效果

图 13-17　"公司动态"与"公司简介"两模块的制作

（14）新建图层，画一个宽为 994px、高为 10px 的矩形，填充"#5f9507"。打开"永旋标志.jpg"，用魔术棒选取灰色部分，然后点击选择菜单下的"选取相似"，将其移动到效果图的左下角，调整其大小。新建图层，前景色为"#595a5c"，使用铅笔工具，笔尖为 1px，按住<shift>键，在标志后画一条竖线，删除多余部分，在后面空白处输入相应的版权信息，完成后的效果如图 13-18 所示。

图 13-18　版权信息模块效果

（15）保存网页，效果图如图 13-1 所示。

13.4.2　效果图切片导出网页

选择"切片工具"，根据制作需要进行切片，切片过程有以下几个技巧。
➤　首先希望大家将预期的切片设计好，然后进行切片；

> ➤ 为了切片准确，减少误差，在此建议大家尽量放大图片进行切片；
>
> ➤ 所有切片都有编号，希望所有的编号能够一目了然。

切片后的效果如图 13-19 所示。

切片后自上而下，能够很醒目地看到切片的编号。

切片创建完成后即可进行最后的网页导出，执行"文件"→"存储为 Web 和设备所用格式"命令，将网页保存类型为"HTML 和图像（*.html）"类型，命名为"index"，点击"保存"按钮，然后使用 IE 浏览器打开 index.html 测试，效果如图 13-20 所示。

图 13-19　对网页进行切片后的效果

图 13-20　导出后的网页效果

13.4.3　后期网页编辑

网页编辑主要是将使用切片导出的网页进行编辑使其规范易用，同时为了增加网页效果，进行简单的动画制作。所以在此解决两个问题：网页编辑与动画设计。

后期网页编辑中主要采取以下两种方式。

第一种是直接在切片效果图中进行编辑，进行后期处理，这种方法适用于艺术界面型网页，具体的方法是直接在网页中设置超链接，添加动画等效果，或者将某些切片删除（或设置为背景），然后添加需要的文字。

第二种是以导出的网页为基础，利用 Dreamweaver 软件进行合理的布局与优化。这种方法通用性强，很多网页都可采用。

针对以上两种方法，"淮安市专用汽车制造有限公司网站"适合使用第二种方法，现在就采用第二种方法进行详细的构造。

开发使用 Dreamweaver CS5 版本，同时 Dreamweaver 的其他版本均可使用。

总体思路：利用 Dreamweaver 对导出的网页进行全新的表格布局，自上而下，自左向右布局。具体步骤如下所述。

（1）用 Dreamweaver 新建一个网页文件并保存到导出的"静态网页"文件夹中，命名为
"default.html"。

（2）执行"修改"→"页面属性"命令，设置"页面属性"中"网页标题"为"热烈欢迎访
问淮安市专用汽车制造有限公司网站!"。设置"外观"分类为：背景色为白色，上、下、左、右
边距为 0px。

（3）在"静态网页"文件夹中创建"style"子文件夹，用 Dreamweaver 创建新 CSS 文件，并
保存 CSS 文件到该文件夹中，命名为"style.css"，然后书写通用 td 的样式，以及通用超链接的样
式，代码如下。

```css
body,td,th {
        font-family: "宋体";
        font-size: 13px;
        color: #000000;
        line-height: 22px;
}
body {
        background-color: #FFFFFF;
        margin-left: 0px;
        margin-top: 0px;
        margin-right: 0px;
        margin-bottom: 0px;
}
a:link {
        font-family: 宋体;
        font-size: 13px;
        color: #1F1F1F;
        text-decoration: none;
}
a:visited {
        font-family: 宋体;
        font-size: 13px;
        color: #1F1F1F;
        text-decoration: none;
}
a:hover {
        font-family: 宋体;
        font-size: 13px;
        text-decoration: underline;
        color: #FF0000;
}
a:active {
        font-family: 宋体;
        font-size: 13px;
        text-decoration: none;
        color: #FF6600;
}
a.dh:link {
        font-family: 宋体;
        font-size: 13px;
        color: #FFFFFF;
        text-decoration: none;
```

233

```
          }
     a.dh:visited {
          font-family: 宋体;
          font-size: 13px;
          color: #FFFFFF;
          text-decoration: none;
     }
     a.dh:hover {
          font-family: 宋体;
          font-size: 13px;
          text-decoration: underline;
          color: #FFFFFF;
     }
     a.dh:active {
          font-family: 宋体;
          font-size: 13px;
          text-decoration: none;
          color: #FF6600;
     }
     a.js:link {
          font-family: 宋体;
          font-size: 13px;
          color: #FF0000;
          text-decoration: none;
     }
     a.js:visited {
          font-family: 宋体;
          font-size: 13px;
          color: #FF0000;
          text-decoration: none;
     }
     a.js:hover {
          font-family: 宋体;
          font-size: 13px;
          text-decoration: underline;
          color: #FF0000;
     }
     a.js:active {
          font-family: 宋体;
          font-size: 13px;
          text-decoration: none;
          color: #FF6600;
     }
```

（4）在"CSS 样式表"面板，单击附加样式表按钮 ，单击"浏览"按钮，选择已创建的样式表文件"style.css"，单击"确定"按钮即可完成 style.css 样式表的附加。

（5）在"插入"工具栏，点击"插入表格" 按钮，添加表格，具体参数 1 行 1 列，间距为 1px，边距、填充为 0px，宽度为 996px。

（6）设置插入的表格的属性，高为 1196px，对齐方式为"居中对齐"。选中表格，设置表格的背景颜色为"#5f9507"，单击表格中间空白处，设置单元格的背景颜色为"#FFFFFF"。这样，即可完成网页的绿色边框。

（7）选择面板属性中的垂直顶端，在刚才的表格中再插入一个 1 行 1 列的表格，宽度为 994px，边框粗细 0px，单元格边距 0px，单元格间距 0px，对齐方式为居中对齐，高为 102px。然后点击插入面板中的插入图片按钮 ，插入图片 "index_03-07.gif"。然后用矩形热点工具，将 "English(new)" 和 "English(new)" 设置两个超链接，地址分别为（http://www.chinasemitrailer.com/、http://www.hazq-js.com/index0.asp），目标为 "_black"。

（8）继续插入 1 行 1 列表格，宽为 994px，高为 40px，然后插入背景图片 "index_05-09.gif"。在表格中嵌套 1 个同样大小的 1 行 8 列表格，分别将 "网站首页、公司概况、公司动态、产品介绍、办公系统、在线订购、招聘信息、联系我们" 放入各单元格中，选中所有单元格，设置水平和垂直属性都为居中。选中导航文字内容，设置超链接地址为 "#"，单击属性面板中的样式为 "dh"。

（9）继续插入 1 行 1 列表格，宽为 994px，高为 10px，居中对齐，填充背景色 "#ececec"。再插入 1 行 1 列表格，宽为 988px，高为 205px，插入图片 "images/index_10.gif"。点击<F12>键进行预览，效果如图 13-21 所示。

图 13-21　网站上半部分的预览效果

（10）插入 1 行 3 列的表格，在第 1 列中先嵌套一个 3 行 1 列的表格，将第 1 行单元格，设置宽为 237px，高为 52px，插入图像 "images/index_11.gif"。设置第 1 列第 2 行单元格高为 250px，在其中嵌套一个 2 列 10 行的表格，各单元格高为 25px，在第 1 列分别给每个单元格中插入图片 "index_25.gif"，设置宽为 30px，水平和垂直均为居中。在第 2 列分别输入 "疏通吸污车（联合）系列、罐式车系列、粉粒物料运输车系列、铵油炸药现场混装车系列、垃圾压缩车系列、自卸车系列、集装箱运输车系列、厢式车系列、低平板半挂车、栏板半挂车"。选中文字内容，分别将其设置超链接。设置第 1 列第 3 行高为 410px，插入图片 "index_13-17.gif"。

（11）在第 2 列做一条 1px 的分隔线。设置背景颜色为 "#ececec"，插入图片 "spacer.gif"，设置宽为 1px。

（12）鼠标停留在表格的第 3 列，先嵌套一个 3 行 1 列的表格，第 1 行设置宽为 756px，插入图片 "index_09.gif"。给 "更多" 二字添加热点。在第 2 行中再嵌套一个 6 行 4 列的表格，将各单元格的宽设置为 189px，第 1 行与第 4 行的高度设为 112px，第 2 行与第 5 行的高设为 46px，第 3 行、第 6 行高度设置为 47px。

（13）用 Photoshop 打开图片 "index_13.gif"，将其按照上述的规格对其进行分割，如图 13-22 所示。所有产品图片分别保存为"tu1.jpg、tu2.jpg、tu3.jpg、tu4.jpg、tu5.jpg、tu6.jpg、tu7.jpg、tu8.jpg"，将矩形圆角框保存为 "tu9.jpg"。

（14）将 "tu1.jpg、tu2.jpg、tu3.jpg、tu4.jpg、tu5.jpg、tu6.jpg、tu7.jpg、tu8.jpg" 分别插入产

品推荐中的第 1 行与第 4 行。将第 2 行与第 5 行分别拆分成两行，在各单元格中分别输入对应的产品型号与名称："HYG5070GQX、HYG5162GXW、HYG5275GXW、HYG5160GQX、HYG5290GXW、HYG9400GXW、HYG5151GXW、HYG5252GXW"，"下水道疏通车、多功能联合吸污车、多功能联合吸污车、下水道疏通车、干式物料吸排车、半挂式吸污车、吸污车、吸污车"，将所有单元格中的字体颜色设为黑色，水平与垂直都为居中。在剩下的单元格中插入背景图片"tu9.jpg"，然后在背景图片上输入"产品详细介绍"，设置属性面板中样式"js"，将各产品设置超链接。

（15）将剩下的单元格拆分成两个宽为 378px，高为 250px 的单元格，分别插入图片"index_15.gif、index_15-21.gif"。点击<F12>键进行预览，最终效果如图 13-23 所示。

图 13-22　新品推荐部分的重新分割

图 13-23　网页中间部分的最终预览

（16）在下面继续插入一个宽为 994px 的 1 行 1 列表格，设置高为 10px，背景颜色"#5f9507"。

（17）插入宽为 994px，高为 112px 的 1 行 1 列表格。插入背景图片"index_19-23.gif"。在背景图片上插入 4 行 2 列的表格，前 3 行高为 25px，分别给每行输入版权信息，通过属性面板中的垂直方式，调整好每行之间的高度。相应的文字设置超链接。

（18）总体预览，调整局部网页效果，后期网页编辑完成。

13.4.4　动画制作

本例的动画制作步骤如下。

（1）执行"开始"→"程序"→"SWiSHmax"命令启动 SWiSHmax 软件。

（2）点击"开始新建一个空电影"按钮，在场景中创建一个电影，在属性中输入动画的宽为 994px，高为 208px，将文件保存到网站文件下"flash"文件夹中。

（3）执行"插入"→"图像"命令，在"打开"对话框中选择素材文件夹中的"动画 1.jpg"后，点击"打开"按钮，图片就插入到场景中了。设置电影的变形属性标签，在"变形"面板中将锚点设置为"左上"，X 坐标与 Y 坐标都设置为 0。

（4）采用上述同样的方式继续插入图像"动画 2.jpg、动画 3.jpg、动画 4.jpg、动画 5.jpg"。

（5）在场景中分别选中 5 张图片，执行"添加脚本"→"渐近"→"淡入"命令，如图 13-24 所示。

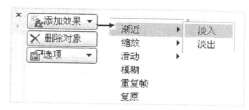

图 13-24　执行"添加效果"命令

（6）在控制栏中点击"播放"按钮▶测试一下动画效果，发现图片切换时过于突然，所以，点击"停止"按钮■停止动画，用鼠标在各图片的"时间线"调板上的第 20 帧上点击右键执行"渐近"→"淡出"命令，再次在控制栏中点击"播放"▶按钮测试一下动画效果，调整整个动画的节奏。

（7）执行"文件"→"导出"→"swf"命令，即可弹出"导出为 swf"对话框，选择路径，输入文件名即可保存。

（8）使用 flash 播放器预览动画，效果如图 13-25 所示。

图 13-25　预览动画效果

13.4.5　动画的使用

将前一节制作的动画"dh.swf"运用到网页上，具体方法如下。

（1）打开上一节制作的网页"default.htm"，然后删除图片"index_10.gif"。

（2）执行"插入"→"媒体"→"flash"命令，然后选择"flash"文件夹下的"dh.swf"动画。

也可以使用"插入"工具栏中的"插入媒体"按钮●，选择"flash"文件夹下的"dh.swf"动画即可。

13.5　动态网站管理系统与静态页面的融合

动态网站从功能上简单可以分成前台静态模块和后台动态模块。前面制作的效果图、网页编辑以及动画制作简单可以理解为静态模块，后台模块的实现主要通过编程完成网站的功能，具体操作过程中主要采用以下两种方式进行解决。

方式 1：下载免费的网站管理平台（CMS 内容管理系统），然后与前台后台整合，称之为代码融合，从而完成了动态网站系统。

方式 2：所有功能完全自主开发，根据客户的要求定制，逐一实现功能。

以上两种方式各有利弊，方式 1 适用于网页设计的初学者，能够满足大多数通用网站，方法简单，但是不能随心所欲地实现其他功能；方式 2 是完全自主开发，对初学者要求较高，要求能够编写程序，能够随心所欲实现各种功能，属于网站开发的高级阶段。

淮安市专用汽车制作有限公司网站通过前台与后台的代码融合方式来完成。

所以在此实现的动态网站主要步骤如下所示。

（1）搜索网站管理平台。

（2）网站管理平台与静态页面的整合。

（3）IIS 的安装与配置。

（4）栏目的设置。

（5）网站内容的添加。

（6）网站模板的添加。

（7）前台网站调用后台程序。

（8）网站测试与后期完善。

13.5.1　搜索网站管理平台

搜索网站管理平台可以打开百度网站，然后搜索关键词"网站管理平台"或者"CMS 系统"即可以得到很多网站管理平台，本项目以下载 "讯时网站管理平台"为例，具体方法操作如下。

在 IE 浏览器地址栏中输入讯时网网址：http://www.xuas.com/，在"讯时程序"栏目（如图 13-26 所示）中点击左侧导航的"讯时 CMS 下载"或者网页右侧的"网站管理系统下载"超链接，立即进入下载子页面，子页面如图 13-27 所示。

图 13-26　"讯时网站管理系统"下载栏目

图 13-27　下载子页面

在图 13-27 页面中，讯时网对"讯时网站管理系统 5.0"功能介绍与声明如下（参考讯时网站）。

（1）本新闻系统永久免费，绝不过期！

（2）本新闻系统采用 ASP+ACCESS 数据库，对一般服务器空间都支持良好。

（3）框架(iframe)和 JS 两种调用新闻和图片新闻，以及图片新闻的自定义横排和竖排。

（4）强大的后台文章编辑器的功能。可方便地用拖动的方式进行图文混排、图片远程上传、上传图片显示效果处理等操作，以及"从 word 中粘贴"功能，能全部清除 word 排版格式多余代码。

......

在图 13-27 中的"讯时网站管理系统 5.0"页面中点击"115 网盘下载"（如图 13-28 所示）下载"讯时网站管理系统 5.0"程序。

115网盘下载 新浪微盘下载 金山快盘下载

图 13-28　"讯时网站管理系统 5.0"下载链接

13.5.2　静态前台与动态后台的文件整合

下载后的系统是一个压缩包，不能够直接使用，所以必须进行解压缩，同时部分图片也需要修改。具体步骤如下。

（1）首先创建文件夹"淮安市专用汽车制造有限公司动态版"，将前面做好的静态页面 default.html 等静态界面和 flash、images、style、scripts 文件夹拷贝到"淮安市专用汽车制造有限公司动态版"文件夹中，如图 13-29 所示。

（2）将下载的"讯时网站管理系统 5.0 免费版.rar"压缩包进行解压缩至"淮安市专用汽车制造有限公司动态版"文件夹，如图 13-30 所示。

图 13-29　网站文件合并

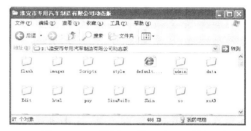

图 13-30　系统解压缩后与网页的整合

13.5.3　IIS 的安装与配置

要使用讯时网站管理系统创建动态网页，首先要从硬件和软件方面配置好运行环境。在硬件方面，必须安装网卡、协议 TCP/IP、服务器软件以及浏览器软件。

软件应当安装服务器软件 IIS，现在首先介绍如何在 Windows XP 中安装 IIS5.0，安装与配置 IIS 步骤如下。

（1）执行"开始"→"设置"→"控制面板"命令。

（2）在"控制面板"窗口中，点击"添加或删除程序"按钮，即可打开如图 13-31 所示的"添加/删除程序"窗口，点击"添加/删除 Windows 组件"按钮，即可打开如图 13-32 所示的"Windows 组件向导"对话框。

图 13-31　"添加/删除程序"窗口

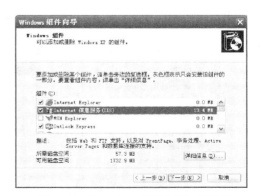

图 13-32　"Windows 组件向导"对话框

（3）在如图 13-32 所示的"Windows 组件向导"对话框中，选择"Internet 信息服务（IIS）"组件，然后单击"下一步"按钮，直到安装完成。

（4）打开"控制面板"中的"管理工具"，双击"Internet 服务管理器"，在"Internet 服务管理器"中右击默认网站，从快捷菜单中选择"新建"子菜单，再选择"虚拟目录"选项，如图 13-33 所示。

图 13-33　创建新"虚拟目录"

（5）单击"下一步"按钮，输入虚拟目录别名，如图 13-34 所示，输入虚拟目录别名 haqch。

（6）单击"下一步"按钮，输入主目录的路径，如图 13-35 所示。

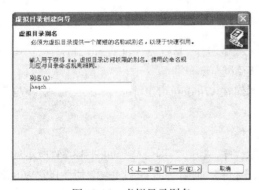 

图 13-34　虚拟目录别名　　　　　图 13-35　虚拟目录路径（网站对应的路径）

（7）点击"下一步"，设置站点的访问权限，如图 13-36 所示，完成设置如图 13-37 所示。

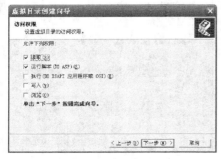 

图 13-36　虚拟目录权限　　　　　图 13-37　完成虚拟目录的创建

13.5.4　系统登录与栏目的设置

（1）打开 IIS，鼠标选中刚创建的虚拟目录"haqch"，然后鼠标选中"login.asp"文件，然后单击鼠标右键执行"浏览"命令，预览效果如图 13-38 所示（网址 http://localhost/haqch/login.asp）。

图 13-38　"浏览"命令执行后的效果

（2）后台管理用户名和密码默认是"admin"，在图 13-38 中用户名、密码都输入"admin"，输入验证码后，点击"登录"按钮即可进入系统，后台系统的主界面如图 13-39 所示。

图 13-39　后台主界面

（3）首先，完成栏目的设置，点击图 13-39 中左侧菜单中的"栏目"导航，然后看到如图 13-40 所示的界面。

图 13-40　栏目添加主界面

（4）在图 13-40 中首先删除原有的"国内新闻"模块，依次添加 "公司概况"、"公司动态"、"产品介绍"、"人才招聘"、"联系我们"、"通知公告"、"文件下载"等栏目，然后再给"产品介绍"添加二级栏目，添加完成后如图 13-41 所示。

图 13-41　添加栏目后的效果

（5）在图 13-41 中可以看到"模板"列显示"模板不正确"，点击"模板"超链接，弹出"设置模版"对话框，选择"一般简单模板"即可，修改后如图 13-42 所示。

栏目名称	子栏目	模版(管理)	操作
公司概况 [添加二级栏目](RSS)	0个	一般简单模版	模版 静 动 修改 删 调用
公司动态 [添加二级栏目](RSS)	0个	一般简单模版	模版 静 动 修改 删 调用
产品介绍 [添加二级栏目](RSS)	10个	一般简单模版	模版 静 动 修改 删 调用
├ 疏通吸污车（联合）系列 [添加三级栏目](RSS)	文章：12	一般简单模版	模版 静 动 修改 删 调用
├ 罐式车系列 [添加三级栏目](RSS)	文章：8	一般简单模版	模版 静 动 修改 删 调用
├ 粉粒物料运输车系列 [添加三级栏目](RSS)	文章：8	一般简单模版	模版 静 动 修改 删 调用

图 13-42　修改模板信息

13.5.5　网站内容的添加

网站的内容添加，就是根据栏目来丰富网站的内容的过程，以产品介绍为例介绍网站内容的添加，现在添加一条"HYG5163GXW 多功能联合吸污车"产品信息，具体方法如下。

（1）点击左侧导航栏中的"文章增加"超链接，然后在添加新闻页面中添加新闻信息标题"HYG5163GXW多功能联合吸污车"，栏目选择"产品介绍"下的"疏通吸污车（联合）系列"，新闻内容插入图片（点击编辑器中的插入图片按钮 ），弹出"图像属性"对话框，如图13-43 所示，选择"上传"标签，点击"浏览"按钮，选择要上传的图片，点击"发送到服务器上"按钮即可上传成功，系统会提示保存成功。

图 13-43　添加网站图片信息

（2）继续添加"HYG5163GXW 多功能联合吸污车"的车辆主要技术参数信息，效果如图 13-44 所示。

（3）采用同样的方法添加网站的内容，点击"文章修改"超链接，如图 13-45 所示。可以浏览添加的所有信息，点击"编辑"超链接也可以修改网站信息。

图 13-44　添加 HYG5163GXW 产品信息

图 13-45　修改或编辑网站信息

13.5.6　网站模板的添加

首先根据网站主页制作一个网站模板，具体步骤如下。

（1）模板的制作方式与"default.html"相似，所以将"default.html"网页的右半部分删除即可达到要求，另存为"mb.html"，效果如图 13-46 所示。

（2）回到后台管理界面，点击左侧导航栏的"设置"超链接，进入"新闻系统设置中心"，如图 13-47 所示，点击"栏目模版"后的"进入栏目模板设置"，进入 13-48 所示的栏目模板设置（可以修改、删除、查看等），点击执行"一般简单模板"后的"修改"命令，修改"一般简单模板"只需要将"$$标题$$、$$内容$$、$$上下条$$"等信息复制到已创建的模板网页中即可完成系统的模板制作，如图 13-49 所示。

（3）进入网页"mb.htm"页的"代码"视图，<Ctrl>+<A>组合键将所有的代码全部选取，然后复制代码，进入"一般简单模板"的修改页面，将"新闻显示页面"里的代码全部替换，同样的方式制作"更多新闻列表"页的模板（只需在 mb.htm 中修改为$$列表$$），如图 13-50 所示。同样的方式制作"图片模板"页的模板（只需在 mb.htm 中修改为$$图片列表$$），如图 13-51 所示。

图 13-46　静态模板页草图

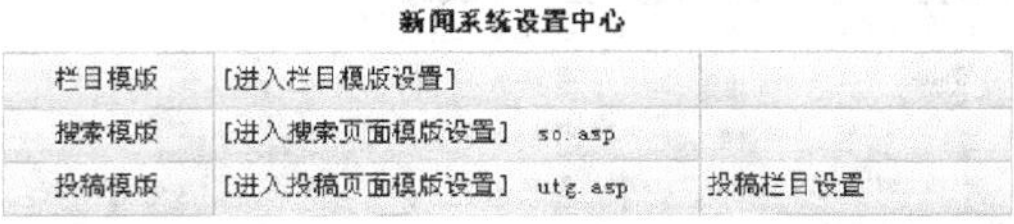

图 13-47　新闻系统设置中心 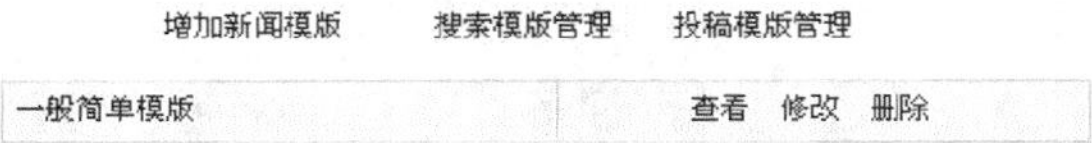　　　　　　　　　　　图 13-48　新闻栏目模板管理

图 13-49　模板页面

图 13-50　"一般简单模板"更多新闻列表模板页面

图 13-51　"一般简单模板"图片列表模板页面

（4）点击"新闻修改"超链接，在新闻修改栏目中点击"HYG5163GXW 多功能联合吸污车"页面，浏览"HYG5162GXW 多功能吸污车介绍"页面，效果如图 13-52 所示。

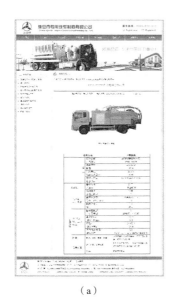
（a）

（b）

图 13-52　一般新闻页面效果

（a）"HYG5163GXW 多功能联合吸污车"页面　（b）"HYG5162GXW 多功能吸污车介绍"页面

13.5.7　前台网站调用后台程序

（1）现在开始调用网站信息，鼠标点击"代码调用"超链接，之后进入如图 13-53 所示的页面，鼠标点击"请选择栏目"下拉框，选择"公司动态"选项，然后显示代码调用"公司动态"栏目的文本信息。

图 13-53　代码调用页面

新闻 JS 调用代码：

```
<script type="text/javascript" language="javascript" src="/haqch/newscodejs.asp?
lm2=0&list=10&x=1&icon=1&tj=0&font=9&hot=0&new=1&line=2&lmname=0&open=1&n=20&more=
1&t=0&week=0&zzly=0&hit=0&pls=0&dot=0&tcolor=999999&zz=0" charset='gb2312'>
</script>
```

以上是 js 调用的方式，具体参数的意义如下。

lm2 或 lm 栏目的 ID，一般不用改动它。如果 lm2=0，那么显示所有栏目的文章。

hot=0　　　　是否按文章的点击数量排序热点文章。0 为普通排序，1 为按点击次数排序。

tj=0　　　　显示推荐文章。0 为不显示，1 为显示。

t=0　　　　是否在标题后面显示文章的添加修改时间。如果等于 0 不显示，1/2/3/4 种模式显示。

week=0　　　是否在标题后面显示文章的添加星期，0 不显示，1 显示。

font=9　　　设置标题的字号。默认是 9，可以设置为 10.5 或者 12。

line=12	设置标题的行间距。默认是 12，可以自行设置，数字越大，行距越大。
n=30	每个标题显示的字数。默认是 30 个字符（1 个汉字是 2 个字符）。
list=10	显示多少条标题。默认是 10 条标题。
more=1	是否显示"更多内容"。0 不显示、1 为显示、2 为在框内显示分页。
hit=0	是否在标题后显示点击数。0 不显示，有 hit=1 和 hit=2 两种模式。
open=1	是否新开窗口浏览文章内容。0 不新开、1 为新开。
icon=1	自定义在标题前显示图标。0 不显示、1 显示默认，可自定义图片（如：icon=/../images/123.gif）。
new=0	当天的最新文章是否显示一个动画图片 NEW。new=1 表示显示、new=0 不显示。
……	

经过分析将代码进行如下修改。

```
<script type="text/javascript" language="javascript" src="newscodejs.asp?lm2=
2&list=5&icon=1&tj=0&font=9&hot=0&new=1&line=2&lmname=0&open=1&n=40&more=0&t=3&wee
k=0&zzly=0&hit=0&pls=0"></script>
```

（2）使用 Dramweaver 打开主页"default.html"，鼠标停留"公司动态"栏目，进入代码编辑视图，将"JS 调用"部分的图片调用代码复制到"公司动态"栏目，然后用浏览器浏览"default.html"页面，"公司动态"栏目如图 13-54 所示。

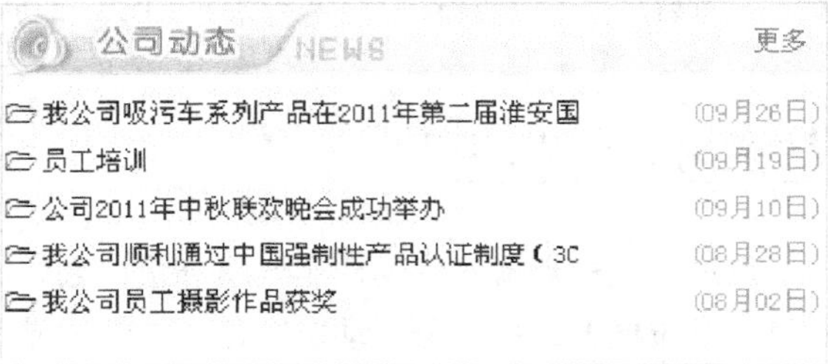

图 13-54　公司动态栏目

（3）通过前面代码的解释，现在进行导航栏目的设置如表 13-1 所示。

表 13-1　　　　　　　　　　　　　首页导航设置

网站首页	default.html	公司概况	News_View.asp?NewsID=843
公司动态	news_more.asp?lm=&lm2=2	产品介绍	cpjs.html
办公系统	http://www.hazq-js.com/login.html	在线订购	ly.asp
招聘信息	news_more.asp?lm=&lm2=14	联系我们	News_View.asp?NewsID=851

（4）设置左侧产品介绍超链接，产品介绍页面链接到 cpjs.html 其他系列产品，指向产品介绍其他页面。

（5）设置页面上"更多"文本的超链接。

（6）制作"产品介绍"页面 cpjs.html，打开 mb.html 页面，然后另存为 cpjs.html，进入后台调用图片调用信息代码：

```
<script type="text/javascript" language="javascript" src="piccodejs.asp?lm2=4&x=
3&y=4&w=240&h=180&open=1&n=40"></script>
```

代码解释：

x=3	横排显示多少图片，默认是 1。

y=4	竖排显示多少图片，默认是 1。
w=240	图片的宽度，默认是 150。
h=180	图片的高度，默认是 150。
open=1	是否新开窗口浏览新闻内容。0 不新开、1 为新开。
n=40	每个标题显示的字数。默认是 20 个字，如果 n=0 那么不显示标题。

"产品介绍"页面效果如图 13-55 所示。

图 13-55　产品介绍页面效果

13.5.8　网站测试与后期完善

申请空间与域名后，上传网站即可浏览。本例为教学所用，网站真实效果请浏览
"http://www.hazq-js.com"，效果如图 13-56 所示。

图 13-56　完善后的应用网站效果

13.6 习题

使用 CMS 系统将庄辉个人网站改为动态版网站。效果如图 13-57 所示。

图 13-57 书法家庄辉动态网站页面效果展示

项目开发综合实训

14.1 网页设计师职业成长规律

14.1.1 从初学者到专家

一个网页设计师如何由初学者变为一名资深的专家呢？通过对大量的网页设计师的成长规律进行总结，其职业成长规律归纳为如图 14-1 所示的示意图。

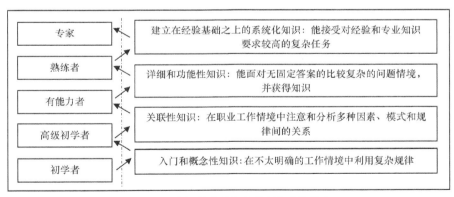

图 14-1 从初学者到专家的职业成长规律

14.1.2 网页设计师的现状分析

1. 网页设计行业特征

中国的网页设计行业呈现出以下三个特征。

（1）从事网页设计的群体中大多数是从事计算机相关专业的人员，而不是专业的艺术设计人员，艺术设计人员更多的从事完全的界面设计、美工。

（2）目前的网页设计行业缺少大量的高端技术人员，这为从事网页设计的人员提供广阔的发展空间。

（3）网页设计行业对人员的学历要求不是很高，一般都为大专，这为高职学生提供了很大竞争机会。

2. 网页设计师薪水调查

下面是网页设计师联盟（国内网页设计综合门户网）在其论坛上对网页设计师的薪资进行的调查，调查结果如图 14-2 所示。

图 14-2　网页设计师薪资网络调查

下面是"网页设计师的工资制度"的调查结果，如图 14-3 所示。

图 14-3　工资制度网络调查

下面是"网页设计师的学历"的调查结果，如图 14-4 所示。

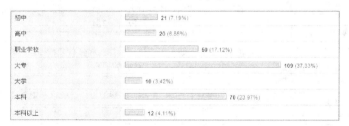

图 14-4　网页设计师的学历

14.1.3　网页设计师的岗位要求与学习重点

1. 网页设计师岗位要求

以上海集道网络科技招聘网页设计师的基本要求为例。

招聘信息网址：http://my.68design.net/83141/position#p25875

详细信息包括：

工作地点：上海市长宁区

招聘人数：1

待遇月薪：5000+提成

发布日期：2012-04-02

工作描述：

（1）负责网站相关项目的整体版式、风格设计，包括官网与活动页面以及活动 BANNER，FLASH 动画设计相关工作；

（2）有较好的创意，能够熟练运用各种不同类型的设计表现形式，准确传达信息；

（3）本着以用户为核心的设计理念，对页面进行优化，使用户操作更趋于人性化。

需求描述：

（1）熟悉网站建设的流程，具备独立进行网站项目的整体版式、风格设计能力；

（2）精通 Photoshop、Flash、Dreamweaver 等网页设计美工软件；

（3）熟练掌握 DIV+CSS 的运用与制作，熟悉各种浏览器兼容性调整（至少 3 种浏览器 IE6、IE7、FF）；熟悉 HTML/CSS/JavaScript 等并能熟练手工编辑修改 HTML 源代码；

（4）具有良好的美术功底以及良好的创意构思能力，对色彩敏感，具有把握不同风格页面的良好能力。

2．网页设计师应具备的能力

通过对大多数招聘的归纳总结，网页设计师应具备的能力有以下几方面。

（1）要有一定的美术功底，有创意；

（2）掌握 Web2.0 技术（HTML+CSS 布局与 XHTML）；

（3）能够 Photoshop、Flash、Dreamweaver 等软件；

（4）有较强的学习能力，团队合作；

（5）有项目经验（有作品）。

3．网页设计师的学习重点

通过对网页设计师的归纳总结，网页设计主要做 3 件事，如图 14-5 所示。

图 14-5　网页设计师的学习重点

4．网页设计师的学习流程

解决网页设计的 3 个重点问题的基本流程如图 14-6 所示。

网站的内容通过对行业同类站点的搜索，同时配合客户的需求，归纳同行业同类站点的内容，最终确定本项目的内容模块。

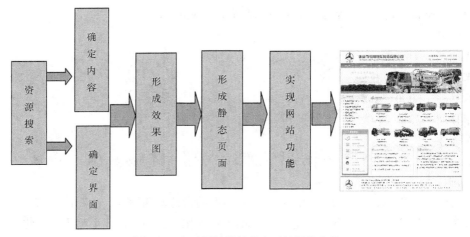

图 14-6 解决网站设计的主要问题的流程

网站的界面主要通过对同行同类站点的搜索和日常的积累来获得。

网站的功能主要通过编程能力（ASP、ASP.NET、JSP、PHP 等技术）来提高。

5. 界面设计学习流程

网页设计对于非艺术专业的学生来说，主要通过大量的积累与项目来提高技术与艺术能力，具体来讲可以通过 3 个阶段来学习。

第一阶段：网页的效果图的恢复阶段，通过站点的恢复能够锻炼 Photoshop 图像处理能力与细节的处理能力。如图 14-7 与图 14-8 所示。

图 14-7 深职院商务英语精品课程网站（jpg 格式）　　　　图 14-8 效果图的恢复（psd 格式）

通过效果图的恢复练习能够提高 Phototshop 的图像处理能力，同时也能够提高对网站内容的提炼能力。

第二阶段：在第一阶段的基础之上确定了网站的内容，同时可以搜索其他的网页界面并恢复效果图。如图 14-9 与图 14-10 所示。

第三阶段：在大量的效果图的恢复练习后，大家将会积累不少经验，在此经验基础上会进入自主开发创作阶段，真正成为一名网页设计师。

图 14-9　网络搜索的某韩国模板

图 14-10　修改内容后的网页界面

14.2　网站开发规范

任何一个项目或者系统开发之前都需要定制一个开发约定和规则，这样有利于项目的整体风格统一、代码维护和扩展。具体规范有以下几个内容。

14.2.1　组建开发团队

在接手项目后的第一件事是组建团队。根据项目的大小团队可以有几十人，也可以是只有几个人的小团队，在团队划分中应该含有 6 个角色，这 6 个角色是必须的，分别是项目经理、策划、美工、程序员、代码整合员、测试员。项目组的人数可以根据项目需要进行调整。下面简单介绍一下这 6 个角色的具体职责。

项目经理负责项目总体设计，开发进度的定制和监控，定制相应的开发规范，负责各个环节的评审工作，协调各个成员(小组)之间的开发工作。策划负责提供详细的策划方案和需求分析，还包括后期网站推广方面的策划。美工根据策划和需求设计网站 AI、界面、Logo 等。程序员根据项目总体设计来设计数据库和功能模块的实现。代码整合员，负责将程序员的代码和界面融合到一起，代码整合员可以制作网站的相关页面。测试员负责测试程序。

14.2.2　开发工具

Web 开发工具主要分为 3 部分，第 1 部分是网站前台开发工具，第 2 部分是网站后台开发环境，第 3 部分是项目管理和辅助软件。下面分别简单介绍这 3 部分需要使用的软件。

网站前台开发主要是指 Web 界面设计。包括网站整体框架建立、常用图片、Flash 动画设计等，主要使用的相关软件是：Illustrator、Photoshop、Dreamweaver、Flash 等。

网站后台开发主要指网站动态程序开发、数据库建模，主要使用的相关软件是：PowerDesigner（数据库建模）；Rational Rose（程序建模）。

网站项目管理主要指对开发进度和代码版本的控制。开发进度用 Microsoft Project 来制订，代码版本控制采用 Visual SourceSafe，当然还有其他的选择，比如 CVS 和 Rational ClearCase。网站测试采用 VS.NET 的附带工具 Microsoft Application Center Test，它可以进行并行、负载测试等。程序文档编写采用 Word，用 WPS 也可以。

14.2.3　网站开发流程

在项目开始实施之前应该有一个工作步骤，也就是工作流程。在项目开发中最需要时间的是总体设计和系统测试，而程序编写代码所占的时间并不多，但有的团队就急于开发写代码，先把程序写出来再说，没有注重评审和测试这两个环节，结果造成返工，所以项目应该一步一步慢慢来。如图 14-11 所示的开发流程就比较好地体现了开发的整个环节。

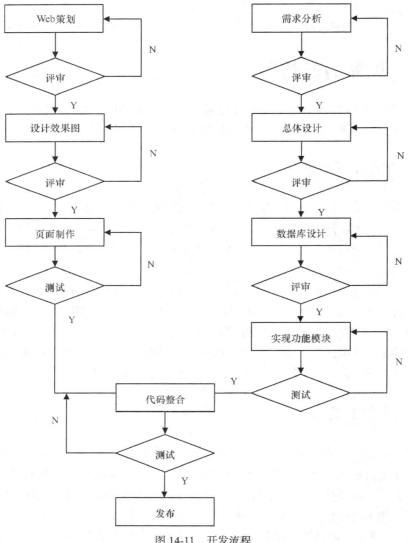

图 14-11　开发流程

从图 14-11 可以看到两条主线，这两条主线分别是前台开发和后台开发。前后台开发在项目开发早期互相没有交叉，当然不是绝对没有，Web 策划和需求分析都是互相有关系的，一个是网站表现形式和风格的策划，另一个是网站功能的策划，它们是衣服和躯干的关系。到了开发后期就需要把界面和功能模块结合起来形成一个统一，也就是即将发布的网站。

14.2.4　文件夹文件名命名规范

文件夹命名一般采用英文，长度一般不超过 20 个字符，命名采用小写字母。除特殊情况才使用中文拼音，一些常见的文件夹命名如：images（存放图形文件）、flash（存放 Flash 文件）、style（存放 CSS 文件）、scripts（存放 JavaScript 脚本）、inc（存放 include 文件）、link（存放友情链接）、media（存放多媒体文件）等。

文件名称统一用小写的英文字母、数字和下画线的组合。命名原则的指导思想：一是使得自己和工作组的每一个成员能够方便理解每一个文件的意义；二是当在文件夹中使用 "按名称排例" 的命令时，同一种大类的文件能够排列在一起，以便查找、修改、替换、计算负载量等操作。

1. 图片的命名原则

名称分为头尾两部分，用下画线隔开，头部分表示此图片的大类性质例如广告、标志、菜单、按钮等。

放置在页面顶部的广告、装饰图案等长方形的图片取名为 banner 。

标志性的图片取名为 Logo。

在页面上位置不固定并且带有链接的小图片取名为 button。

在页面上某一个位置连续出现，性质相同的链接栏目的图片取名为 menu。

装饰用的照片取名为 pic。

不带链接表示标题的图片取名为 title。

下面是几个范例：banner_sohu.gif 、banner_sina.gif、 menu_aboutus.gif 、menu_job.gif、title_news.gif、logo_police.gif、logo_national.gif 、pic_people.jpg。

2. 动态语言文件命名规则

性质_描述，描述可以有多个单词，用 "_" 隔开，性质一般是该页面的概要。

范例：register_form.asp，register_post.asp,topic_lock.asp。

14.2.5　网站首页 head 区代码规范

head 区是指首页 HTML 代码的<head>和</head>之间的内容，是必须加入的标签。

1. 公司版权注释

```
<!___ The site is designed by Maketown,Inc 06/2012 ___>
```

2. 网页显示字符集

简体中文：<meta http-equiv="Content-Type" content="text/html; charset=gb2312">

3. 网页制作者信息

```
<meta name="author" content="webmaster@maketown.com">
```

4. 网站简介

```
<meta name="description" content="本站是一个环保站点...">
```

5. 搜索关键字

```
<meta name="keywords" content="xxxx,xxxx,xxx,xxxxx,xxxx,">
```

6. 网页的 CSS 规范

```
<link href="style/style.css" rel="stylesheet" type="text/css">
```

7. 网页标题

```
<title>欢迎访问**网站! </title>
```

14.2.6　网站建设尺寸规范

（1）页面标准按 1024 像素×768 像素分辨率制作，实际尺寸为 1000 像素×615 像素。
（2）页面长度原则上不超过 3 屏，宽度不超过 1 屏。

14.3　实训任务安排

学生各组任务主要分为以下 4 类。
（1）淮安市专用汽车制造有限公司网站建设。
（2）根据学号进行网站的改版，学生任务列表如表 14-1 所示。

表 14-1　　　　　　　　　　　　　　学生任务表

学　生	项　目　名　称
学号以 1 结尾的学生	某某市规划局网站改版
学号以 2 结尾的学生	某某市建设局网站改版
学号以 3 结尾的学生	某某市国土局网站改版
学号以 4 结尾的学生	某某市地税局网站改版
学号以 5 结尾的学生	某某市公安局网站改版
学号以 6 结尾的学生	某某市教育局网站改版
学号以 7 结尾的学生	某某市审计局网站改版
学号以 8 结尾的学生	某某市卫生局网站改版
学号以 9 结尾的学生	某某市水利局网站改版
学号以 0 结尾的学生	某某市劳动局网站改版

（3）制作专业建设网站，例如物流管理专业建设网（全套资料在"第 14 章"文件夹中）。

（4）根据学生爱好或者来自社会的真实项目。

注意
　　4 项目分为 3 个层次主要是针对学生的学习情况不同进行分配（优秀的学生根据情况直接参与真实项目、普通学生参与规定的网站改版项目、部分学生制作教学案例库项目）。

14.4　项目进展计划

实训任务进度安排表如图表 14-2 所示。

表 14-2　　　　　　　　　　　　　　　实训任务进度安排表

时　间		进 度 安 排
周一	1.2	项目规范与任务目标
周一	3.4	1. 完成项目的相关资料查询 2. 搜索网站建设的相关资料
周一	5.6	完成网站设计的需求分析，系统的模块设计 1. 根据搜索的相关资料确定项目的内容 2. 网站设计风格的定位 3. 根据参考初步设计效果图
周二	1.2	1. 确定网站的色彩设计风格 2. 设计效果图
周二	3.4	1. 遵循网页设计的基本规律 2. 效果图设计的方法
周二	5.6	网站效果图调整、设计
周三	1.2	1. 点评效果图设计 2. 讲解效果图输出为网页的方法
周三	3.4	1. 完成网站效果图切片输出 2. 根据需要设计简单的动画
周三	5.6	根据导出的网页进行后期编辑
周四	1.2	1. 完善网页的布局 2. 完善样式表 3. 设计网页模板
周四	3.4	根据网页进行代码融合
周四	5.6	完善项目，进行代码融合

时　　间		进　度　安　排
周五	1.2	1. 完善网站项目内容 2. 测试项目
周五	3.4	项目答辩
周五	5.6	1. 小组互评 2. 项目验收与点评

14.5　实训报告书

项目名称：

报告人姓名：

参考相关网站（界面）：

站点设计结构图（内容）：

网站建设的总结评价：

技术难点：

技术体会：

思想体会：

教师对网站的总结评价：

优　　　　　良　　　　　中　　　　　及格　　　　　不及格

简短评语：

课程设计成绩：

教师签名：

签名日期：

参 考 文 献

［1］ 武创，王慧．网页设计探索之旅[M]．北京：电子工业出版社．2006．
［2］ 刘万辉，司艳丽．网页设计与制作教程[M]．北京：机械工业出版社．2007．
［3］ 王娜．Dreamweaver 网页制作与色彩搭配全攻略[M]．北京：清华大学出版社．2006．
［4］ Jakob Nielsen 编著．专业主页设计技术．北京：人民邮电出版社．2002．
［5］ 刘任凭．Dreamweaver MX 2004 完美网页设计[M]．北京：中国青年出版社．2005．
［6］ 张帆，罗琦，宫晓东．网页界面设计艺术教程[M]．北京：人民邮电出版社．2002．
［7］ 高艳萍．动态网页设计项目课堂实训[M]．北京：海洋出版社2007．
［8］ 周奇，卜佳锐，毛锦庚，李云，茹金萍．新编网页设计与制作教程[M]．北京：研究出版社．2008．
［9］ 陈强，左超红．Dreamweaver+Photoshop+Flash 网页制作傻瓜书[M]．北京：清华大学出版社．2008．
［10］ 郝军启，刘治国．Dreamweaver CS3 网页设计与网站建设标准教程[M]．北京：清华大学出版社．2008．
［11］ 姬莉霞．Dreamweaver CS3 案例标准教程[M]．北京：中国青年出版社．2008．
［12］ 刘瑞新，张兵义，赵子江等编著．网页设计与制作教程[M]．北京：机械工业出版社．2011．
［13］ 黎芳．网页设计与配色实例分析[M]．北京：北京希望电子出版社．2006．
［14］ 聂小燕，鲁才，许文波．美工神化 CSS 网站布局与美化[M]．北京：人民邮电出版社．2007．
［15］ 许凌云，杨平等．Dreamweaver+Photoshop+Flash 网页设计全方位学习．北京：清华大学出版社．2008．
［16］ 雷波．Photoshop 图层与通道[M]．北京：中国电力出版社．2007．
［17］ 张洪斌，刘万辉．网页设计与制作教程[M]．北京交通大学出版社．2009．
［18］ 张洪斌，季春光，刘万辉．基于工作过程的网页设计与制作教程[M]．北京：机械工业出版社．2010．
［19］ 赵辉．HTML+CSS 网页设计指南[M]．北京：清华大学出版社．2010．
［20］ 任长权．静态网页设计技术[M]．北京：中国铁道出版社．2009．